鹿鸣心理
心理自助系列

HEALING EMOTIONAL PAIN
WORKBOOK

情绪治愈手册

[美]

马修·麦克凯
Matthew McKay

艾瑞卡·普尔
Erica Pool

著

帕特里克·范宁
Patrick Fanning

帕特丽夏·E.苏里塔·奥纳
Patricia E. Zurita Ona

王雯秋 马驭骅

译

重庆大学出版社

前言

这本手册将教你如何治愈生活中的情绪痛苦——抑郁、焦虑、羞耻、恐惧、愤怒和其他让你难过和不快的痛苦情绪。在基于过程的认知行为疗法的指导下，你将学习如何：

1. 识别并了解自己应对情绪的独特风格，即产生持久情绪痛苦的**机制**；
2. 利用**改变过程**，让自己

    ◎ 能够降低痛苦感觉的强度和频率；

    ◎ 克服消极思维的影响；

    ◎ 基于价值观而非情绪作出选择；

    ◎ 不逃避，积极面对生活。

消极应对机制

每个人都在学习应对压力和情绪痛苦的方法。这些方法有的行之有效，有的则加剧了你的情绪痛苦。这些被称为"**跨诊断应对机制**"。其产生的持久情绪痛苦，会让你长期感受到愤怒、羞耻或情绪失调，或是让你患上焦虑症、抑郁症或创伤后应激障碍（posttraumatic stress disorder，PTSD）等特定疾病。

近二十年来，研究人员研究了跨诊断应对机制为何会导致慢性情绪痛苦（Barlow，Allen&Choate，2004；Frank&Davidson，2014；Harvey，Watkins&Mansell，2004；McKay，Zurita Ona&Fanning，2012；Nolen-Hoeksema&Watkins，2011），并确定了11种与情绪痛苦关联最大的应对机制。这些消极应对机制是：

◎行为回避

◎寻求安全

◎情绪驱动行为

◎痛苦不耐受

◎情绪回避

◎思想回避

◎认知误判

◎自我责备（内化）

◎指责他人（外化）

◎担忧

◎思维反刍

前言结束后，你需要完成一项评估。目的是识别你经常使用的消极应对机制，并了解它们如何影响情绪。几乎没有人会用遍这11种应对机制，大多数人倾向于使用特定的机制。当了解到自己应对压力和情绪痛苦时所使用的机制后，你就会对怎样改变以及如何开始治愈情绪困扰略知一二。

因此，第一步是了解什么事情会使你的情绪变得更加激烈和持久。第二步是学习改变过程，它会将你从强烈的情感斗争中解放出来，并且重新完全融入生活。

改变过程

50年来，认知行为疗法（cognitive behavioral therapy，CBT）一直致力于开发改变过程，即促进改变的方法（Mahoney，1974）。本书中的改变过程聚焦于如何减少消极应对机制，并已通过大量的测试和实证验证（Frank & Davidson，2014；Hayes & Hofmann，2018）。证据充分证明了这些改变过程的有效性，将有助于治愈情感上的痛苦。举个例子，我们来看看本手册中10个有利于改变的步骤中的两个：行为激活和情境暴露。

行为激活

抑郁症会终止人际关系、任务、挑战甚至愉快的活动，导致个人封闭。研究表明，抑郁者对生活的获得感会不断减少，从而逐渐陷入更深的悲伤和孤独感中去。行为激活改变了这一过程，帮助人们每周安排愉快、与价值观紧密相关的活动，并有助于掌控生活任务。最终情况逐渐好转，从前抑郁的人越来越积极参与生活。研究表明，行为激活过程极大地减轻了大多数人的抑郁。

情境暴露

焦虑驱使个人回避他们害怕的情境和挑战。研究表明，焦虑的增加会降低人们在面对具有挑战性的情况时的安全感和效率。**情境暴露**的变化过程逆转了恐惧体验，让人明白，直面焦虑的情境比回避焦虑的痛苦要小。数百项研究表明，情境暴露可以减轻焦虑，从而让人们的生活变得更加丰富多彩。

什么是基于过程的认知行为疗法？

传统的认知行为疗法从对"疾病"的诊断开始，如社交焦虑或抑郁，然后提供循证治疗方案。过去治疗疾病的方式，包括认知行为疗法，之所以失败就在于未能解决和聚焦情绪问题的根本原因——消极应对机制。仅仅治疗焦虑或抑郁等症状如同依靠服用阿司匹林来减轻感染引起的疼痛，治标不治本。这本手册将帮助你认识慢性情绪痛苦的根本原因并对症下药。

一个现实的问题是：抑郁症与焦虑症并发出现的概率为六成。如果你感到焦虑，那么你也可能会感到抑郁。为什么这两种截然不同的情绪会同时出现？这是因为许多导致焦虑的消极应对机制（担忧、思维反刍、行为回避、寻求安全、情绪驱动行为和情绪回避等）也会导致抑郁。要治疗抑郁和焦虑并发，你必须治愈导致两者的机制。本书将教你如何做到这一点。

基于过程的认知行为疗法不是治疗疾病，而是通过积极改变过程定位和减少消极应对机制（Hayes & Hofmann，2018），同时建立充分参与生活的优势（Cloninger，1999；Seligman & Csikszentmihalyi，2000）。基于优势的改变过程深深植根于佛教和其他冥想传统，其有效性有充分的经验证据支撑（McKay & Wood，2019）。只减少旧的消极机制是不够的，更为重要的是建立优势来帮助你向往生活，在乔·卡巴金（1990）所谓的"多舛的生活"中勇敢前行，这便是写作本书的目的。

本手册的章节将围绕与情绪痛苦关联最大的11种应对机制展开。每章都从减少对机制依赖的过程开始，然后是积极的改变过程，而非旧的应对行为。

基于过程的认知行为治疗如何工作？

情绪障碍始于情绪痛苦的时刻。艾米丽就是一个例子。她讨厌焦虑，但她苛刻的老板、易怒的男朋友和挑剔的家庭似乎一同谋划，让她长期感到害怕。事实上，并不是这些关系让艾米丽感到焦虑，而是她的消极应对机制让她焦虑，例如：

◎**担忧**　艾米丽担心老板不满她的表现，男朋友离开她，家人因其未尽到赡养之责而排斥她。担心被排斥和不满只会加剧焦虑。

◎**情绪回避**　每当艾米丽感到焦虑时，她都会试图摆脱这种情绪。但她越是压抑和控制情感，情况似乎就变得越糟。

◎**寻求安全**　艾米丽通过拖延工作的最后期限来避开她的老板。她避免和母亲说话，因为她的母亲总是挑三拣四。她有时回避男友，但有时又会为了确认男友是否依旧爱着自己而寻求慰藉。她越是寻求安全，就越是焦虑。

◎**认知误判**　艾米丽专注于自己所有事情的负面因素：她所写报告中的一个小错误，她男朋友与她一起吃晚饭时的严肃表情，她的母亲在谈话结束时没有说"我爱你"。这些小事逐渐累积，给她带来了挫败感，从而导致焦虑情绪高涨。

通过基于过程的认知行为疗法，艾米丽学会了通过特定的改变过程来应对她的消极应对机制。

为了应对担忧，她学会了思想解离（观察想法和让想法随它去），使用正念冥想平衡思想，以及转移注意力（从担忧的想法转移到她能看到、听到、闻到和触摸到的东西上）。

对于情绪回避，她学会了有意识地观察自己的情绪（包括知觉、想法、感觉和冲动），并练习情感暴露的变化过程（观察和接纳焦虑感，直到它们再也无法吓唬到她）。她还一直在练习接受冥想，以学习如何接受和容忍焦虑和其他感觉。

为了寻求安全，她学习了预防反应的改变过程（行为回避逐渐减少，并最终停止）。

最后，对于认知误判，她学会了使用灵活思维的变化过程（分析问题，生成可行的解决方案，评估和测试每个解决方案，最后，根据最佳解决方案采取行动）。

利用这些积极的改变过程，艾米丽的焦虑大大减轻，因为她学会了不再使用过去的、持续焦虑的机制。

如何使用本手册？

通过接下来的量表，进行自我评估测试。它将揭示出你最常使用的消极应对机制和最可能导致情绪痛苦的部分。这个测试的得分将成为使用本手册其余内容的索引。

你将挑选两到三个你得分最高的机制，然后先去看这些章节。那里的练习将提供促进健康转变的练习，你需要克服旧的应对模式，建立新的方法来处理情绪。在进入你可能感兴趣的其他章节之前，先花几周时间在这些章节中练习这些技巧。不需要阅读所有的章节。

如何从本手册中获得最大收益？

本手册旨在帮助你采取行动，改变你与情绪的关系。仅仅依靠阅读和了解改变过程是不够的，还需要做一些训练来减少使用消极应对机制，并构建积极的力量。每一章都会告诉你如何用健康、有效的生活方式取代旧的消极应对机制。为了从这本书中获得最大的收益，请参与并完成转变过程。看看哪些对你最有效，并把它们融入日常生活。

书中的许多工作表也可作为免费工具。建议下载并打印这些工具，以便今后使用，保持成长。

这些想法是从哪里来的？

本书中的想法、干预措施和过程是作者从众多思想家和研究人员的成果中挑选出来的。这些过程并不新鲜，其中一些深深植根于世界各地的佛教和其他正念传统中。大多数过程是对以前的心理学文献中提出的治疗方法的改编和调整，特别是接纳承诺疗法、辩证行为疗法和其他形式的认知行为疗法，这些都是针对患有情绪障碍的人的循证治疗干预措施。

归根结底，这本书是从个人视角写的，是四个人的视角，他们在美国的心理学领域有四种特定的生活经历和教育。处理疼痛、痛苦以及治愈和应对的方式有很多，本书的视角并不是唯一有效或有用的。也就是说，如果你认为基于过程的认知行为疗法可能对你有帮助，那么你就可以深入读一读，这有可能会改变你的生活。

何时及如何获得更多帮助？

学习改变旧的习惯对大脑来说是很困难的。自我评估中所描述的消极应对机制都是非常常见的、可以理解的对压力的反应，在这个地球上没有人能够在应对痛苦方面做到完美。本书的总体态度是接纳：真正接纳生活总会伴随挣扎，只有直面生活，你才可以享受生活的丰富性。

你在运用本书中的工具时可能会遇到障碍，特别是如果你因不可控的因素而承受很大的压力（如慢性病、神经化学的不平衡，或大规模的社会压力）时。这些时候要为你的纠结寻找额外的帮助。可以与家人和朋友谈谈，做瑜伽或冥想，也可以寻找支持团体或其他社区资源，与专业治疗师会面，还可以请求咨询医生进行干预。只有你自己知道需要什么程度的帮助。在生活中，你可以在需要额外帮助与不需要之间切换，这再正常不过。

这本书不能够替代心理健康护理。如果你正在经历高强度或高频率的情绪痛苦，并且其已对你的饮食、睡眠、社交或自理能力产生了负面影响，此手册能给予的支持将十分有限。不妨在网上搜索你所在地区进行专业治疗的医疗人士或心理咨询从业人员并与其联系。如果你有健康保险，保险公司可能涵盖心理健康服务。

如果你有伤害自己或他人的想法，请联系危机支持中心。你所在的地区可能也有当地的危机支持热线，在网上快速搜索就能找到。

注意应对情绪痛苦的方式

情绪上的痛苦是不可避免的。它出现在生活的不同阶段和时刻。很多时候，这种痛苦最初是不受你控制的。你可以控制的是如何应对痛苦的情境和感受。你可以选择消极应对，但也可以通过改变应对方式来面对并最终治愈痛苦。你可以决定在痛苦上投入多少精力，将生活中的多少部分用于处理痛苦，以及在面对痛苦时为自己留出多少空间来支持自己。这本手册将探讨如何在困境中激励自己，活出自己想要的生活。

自我测试

《综合应对量表》(CCI-55)

你会如何应对压力？当你害怕、焦虑、沮丧、羞愧或生气时，你会怎么做？是逃跑、躲藏，还是攻击？是转移自己的注意力，还是尽量不去想它？是寻求帮助，搜索更多信息，还是忍受这段艰难的经历，直到它过去？

应对生活中压力和痛苦情绪的机制有很多。这些机制有的有效，有的无效，还有的甚至适得其反，使情况变得更糟。

这份《综合应对量表》(CCI-55；Zurita Ona，2007；Pool，2021)是本手册的核心。这是一项拥有丰富研究历史的简单测试，它将揭示你的哪些应对机制不起作用。有关CCI-55的更多信息，请参见附录。

让我们开始吧。

说明

请一次性完成这项自测并如实作答。

该自测仅本人可见，你需要清楚地看到自己被困扰的地方。根据对数千名普通人的调查，清单中无效的应对机制是司空见惯的。如果你采用了这些应对机制，没有必要感到尴尬。

想想过去3个月里你生活中遇到的困难、烦恼或压力。下面列出了处理困难和压力的常见经验和策略。请根据你体验的频率或你使用该策略的频率对每一项进行评分。

请选择最准确的答案，而不是你认为最可接受的或者大多数人会说什么或做什么的答案。这些与"好"或"坏"无关，只是应对方式不同。

按1到5给每项打分：

1=我从来没有这种经历或使用这种策略。

2=我很少有这种经历或使用这种策略。

3=我有时会有这种经历或使用这种策略。

4=我经常有这种经历或使用这种策略。

5=我总是有这种经历或使用这种策略。

	项目	1—5分 1=从不 5=总是
第1部分		
1.1	事情"太多"时，即使错失机会我也不会做。	
1.2	我会避免让自己感到不安的事情。	
1.3	心情不好时，我会放弃，逃避事情或任务。	
1.4	遇到难以承受的问题时，我会远远避开。	
1.5	遇到压力太大或具有挑战性的事情时，我会找借口不做。	
	第1部分共计	
第2部分		
2.1	感到压力或害怕时，即使我希望自己勇敢面对，但我还是会逃避现状以获得安全感。	

	项目	1—5分 1=从不 5=总是
2.2	感到焦虑或不安时,我必须确保事情会顺利进行。	
2.3	我必须再三检查才能感到放心和减轻焦虑。	
2.4	感到担心或害怕时,我必须做一些具体的事情才会有安全感,而别人不会。	
2.5	遇到令我担心的情况时,我会用独特的仪式或惯例缓解情绪。	
	第2部分共计	
第3部分		
3.1	我时常感情用事,做事经常被情绪左右。	
3.2	有强烈的负面情绪时,我会喝酒和/或以某种方式割伤或伤害自己。	
3.3	心烦意乱时,我的行为会失控。	
3.4	我的情绪驱动着我的行为,即使事后我会后悔。	
3.5	情绪强烈时(如感到羞愧或气愤),我会伤害自己或作茧自缚。	
	第3部分共计	
第4部分		
4.1	感到痛苦或不安时,我会盘算,想尽一切办法努力解决/阻止它。	
4.2	我无法忍受痛苦或极度的不安。	
4.3	我无法忍受痛苦的经历(如心跳加速,思绪纷乱,紧张,刺激等),我会尽力来避免或摆脱它们。	
4.4	当我感觉到身体上的痛苦时,我觉得自己必须立刻解决。	
4.5	我害怕或难以忍受痛苦的身体感觉(如:心跳加速,胃痉挛,呼吸急促等)。	
	第4部分共计	
第5部分		
5.1	感到心烦意乱时,我试图避免或忘记自己的情绪。	
5.2	我通常试着把痛苦的感觉抛开。	
5.3	我试图麻痹或封闭自己的负面情绪。	
5.4	我试图完全避免一些强烈的情绪(如羞耻、愤怒或悲伤)。	
5.5	感到心烦意乱时,我试着调节负面情绪,或者不让自己有这种情绪。	
	第5部分共计	

续表

	项目	1—5分 1=从不 5=总是
第6部分		
6.1	我会立即试图摆脱出现的可怕或不安的想法。	
6.2	我会抛弃困扰我的记忆和想法。	
6.3	我尽量避免或停止思考伤心或焦虑的事情。	
6.4	对我来说，忘记痛苦很重要。	
6.5	我尽量避免对过去发生的不好的事情产生痛苦的想法。	
	第6部分共计	
第7部分		
7.1	极其不安时，我往往有一堆关于自己和他人的想法，当时感觉自己很正确，但事实并非如此。	
7.2	心烦意乱时，我会轻易下结论——而结论通常并不准确。	
7.3	纠结时，我倾向于极端的想法。（例如，"如果我没有做得完美，就毫无价值"或"他们要么爱我，要么恨我"。）	
7.4	痛苦时，我会很快下结论。	
7.5	陷入困境时，我自认为知道别人在想什么或者将要发生什么。	
	第7部分共计	
第8部分		
8.1	我为事情出错而自责。	
8.2	我为自己的过失和错误，评判自己和/或感到羞愧。	
8.3	我为自己所作的决定和选择，批评自己。	
8.4	事情出错时，我认为起因在我并试图找出自己犯的错误。	
8.5	我为别人认为不是我的错而自责。	
	第8部分共计	
第9部分		
9.1	我会评判他人的做事方式，并为此生气。	
9.2	我会批评他人的错误和过失。	
9.3	当他人未按我的意愿行事，我会注意到并生气。	
9.4	事情出错时，我觉得通常都是别人的错。	

续表

	项目	1—5分 1=从不 5=总是
9.5	解决问题时,我通常会觉得是别人的错或在某一方面别人惹我生气。	
	第9部分共计	
第10部分		
10.1	我会设想未来可能发生的各种坏事。	
10.2	有问题时,我倾向于考虑可能发生的最糟糕的事情。	
10.3	我察觉我倾向于过度考虑可能发生的糟糕情况。	
10.4	我的问题引发了很多关于事情发展的负面方向的思考。	
10.5	有问题时,我会花很多时间思考我应该做什么,以及所有可能出错的方式。	
	第10部分共计	
第11部分		
11.1	我沉溺于过去令人不安的事件。	
11.2	我迷失在试图理解或分析事物发生的原因。	
11.3	我不断思考、回想或试图理解过去让我不安的事情。	
11.4	对过去的事情感到遗憾时,我会一而再再而三地去想它们。	
11.5	我时常会突然想起过去的事,而且无力分析它们。	
	第11部分共计	

计分

现在,你需要做一点加减法。

步骤1

把每一部分的分数相加(例如第1部分,第2部分)。例如,在第1部分中,如果你得分如下:

1.1	事情"太多"时，即使错失机会我也不会做。	3
1.2	我会避免让自己感到不安的事情。	4
1.3	心情不好时，我会放弃，逃避事情或任务。	4
1.4	遇到难以承受的问题时，我会远远避开。	3
1.5	遇到压力太大或具有挑战性的事情时，我会找借口不做。	4

那么你在第1部分"行为回避"的总分即为18分。

步骤2

在下表的"你的分数"栏中，分别填上11项的总分。减去"减去"栏中的分数。如果得到负数也没关系。

例如，如果在"行为回避"一项得了18分，减去14分，最终得分是4分。如果在"寻求安全"一项得了8分，减去13分，最终得分是–5分。

可以用下面的空白表格计算11个部分的最终分数。

部分	无效应对机制	你的分数	减去	最终得分	改变过程对应的章节
1	行为回避		14		1 参与
2	寻求安全		13		2 勇气
3	情绪驱动行为		10		3 激情
4	痛苦不耐受		13		4 韧性
5	情绪回避		15		5 开放
6	思想回避		16		6 平和
7	认知误判		12		7 明晰
8	自我责备		13		8 自尊

续表

部分	无效应对机制	你的分数	减去	最终得分	改变过程对应的章节
9	指责他人		11		9耐心
10	担忧		13		10平静
11	思维反刍		13		10平静

如何解释最终结果

看看每一部分的最终得分，以及哪两三个部分得分最高。这些就是你首先要阅读和练习的章节。选择分数最高和此时最适合你的改变过程所在的章节。

学会这一章的技巧，并成功地选择更有效的方法来处理压力和痛苦后，回到这里提醒自己下一个想要努力的领域。

从长远来看：通过两三个章节的学习之后，你应该就能更好地掌握如何运用更有效的改变过程了。然而，有时随着压力水平上升，你可能会发现自己又陷入了以前的坏习惯，更频繁地使用那些不太有效的应对机制。因此，在合上本书将其束之高阁前，看看最后一章，"预防复发"。

1

参与：从行为回避到
行动

2

勇气：从寻求安全到
内在安全

3

激情：从情绪驱动行为到
价值驱动选择

4

韧性：从痛苦不耐受到
接受痛苦

5

开放：从情绪回避到
情绪接纳

6

平和：从思想回避到
思想接纳

10

平静：从担忧、思维反刍到平衡思维

11

预防复发

1

参与：
从行为回避到
行动

你需要看这一章，是因为你在《综合应对量表》（CCI-55）中的第1部分"行为回避"中得分很高。这意味着你逃避那些使你感到紧张、害怕、内疚、羞愧或像一个失败者的情境和活动。当你习惯性回避引起这些情绪的情境和活动，程度深且持久，则会导致慢性抑郁。本章将帮助你认识和改变那些使你感到悲伤和困顿的回避行为，指导你如何行动起来，摆脱困境，停止不与人联结，回归正常生活。

什么是行为回避？

作为一个物种，人类具有避免、控制和逃避任何让我们产生心理不适感的本能，换句话说，逃避就是人的天性。但是，当我们因为所在乎的事情让我们感到不舒服或难过而逃避时，会发生什么？当我们因为试图控制自己的感觉而放弃对自己重要的事情时，又会发生什么？在我们的生活中，回避行为长此以往，会有什么样的结果呢？

案例 为了说明行为回避及其影响，我们以贾斯汀的情况为例。21岁的贾斯汀找到了第一份工作，在当地一家餐馆担任经理。相较于这份工作、薪水，他对所在食品行业的发展更有憧憬。工作数月后的一个星期五晚上，他回到家，看到他养了14年的狗狗杰克逊躺在地上。贾斯汀害怕极了，试图挪动杰克逊，但杰克逊毫无反应。贾斯汀立即把他的狗狗带到兽医那里。不到一个小时，贾斯汀被告知，杰克逊因突发心脏病，已经死亡。贾斯汀无法接受这个现实，机械性地开车回到家里，哭了好几个小时。

每天晚上下班后，贾斯汀都感到悲伤、空虚，仿佛缺少了什么。他的朋友们试图让他出去散散心，他的家人也对他进行安抚，但没有什么能减少贾斯汀的悲伤。渐渐地，贾斯汀与他的朋友们失去了联系。他有时候请病假不去上班，而对他来说，继续生活或者重新养一只小狗的想法很不可思议。贾斯汀觉得自己对杰克逊的离世难辞其咎，他责备自己没有察觉心脏病发作的早期迹象。他慢慢地疏远所有人，不去做他需要做的事情，以及他在乎的事情。

贾斯汀正在与行为回避作斗争，行为回避是导致抑郁症的主要诱因。一开始是因为丧失带来的心理痛苦，随后演化为失去活动能力和脱离生活。行为回避的特点是脱离你重视的、喜欢的或为使生活顺利进行而必须做的活动。逃避的另一面是参与：带着欣赏和感激之情做重要的事情。

减少行为回避的过程

通过评估日常生活，确定你在逃避什么，理解和发现自身的价值，重新做过去喜欢的事情，或开始做一直想尝试的事情，并在此过程中克服抑郁。让我们开始吧。

评估你是如何打发时间的

首先，评估你是如何打发时间的，这非常重要。在接下来的一周里，使用下面的周历，记录你每小时参与的所有主要活动，也可以在一天结束时记下它们。

在监测你的活动时，注意以下几个方面。

◎如果某项活动是愉快的、有趣的或开心的，就在旁边写上代表愉快的字母"P"；然后，根据有趣程度从1分（最低）到10分（最高）进行评分。

◎如果某项活动与你的价值观以及与你重视的有关，就在旁边写上代表价值观的字母"V"；然后，根据对你的重要程度，从1分（最低）到10分（最高）进行评分。

◎如果某项活动与你必须处理的事情有关（例如，跑腿、支付账单、打扫卫生），就在旁边写上代表必须做的字母"M"；然后，根据事情的紧急程度，从1分（最低）到10分（最高）进行评分。

这项工作开始时可能有点乏味，然而，完成评估将帮助你通过盘点一周的情况，了解这些活动是如何影响你的幸福感的，以及什么需要改变，以便能打破任何逃避模式。想想看：如果你不知道你是如何打发时间的，你就不会知道你需要改变什么。

每周活动安排

	星期一	星期二	星期三	星期四	星期五	星期六	星期日
6：00							
7：00							
8：00							
9：00							
10：00							
11：00							
12：00							

续表

	星期一	星期二	星期三	星期四	星期五	星期六	星期日
13：00							
14：00							
15：00							
16：00							
17：00							
18：00							
19：00							
20：00							
21：00							
22：00							
23：00							
24：00—6：00							

案例 穆罕默德在周末回顾他的活动安排时，意识到自己花了30多个小时看电视，尽管他并不享受；花了近12个小时处理税务问题，没有片刻休息；几乎没有与孩子和朋友进行任何社交活动，然而这对他来说，无比重要。

穆罕默德的每周活动安排

	星期一	星期二	星期三	星期四	星期五	星期六	星期日
6：00							
7：00							
8：00					审查税单		

续表

	星期一	星期二	星期三	星期四	星期五	星期六	星期日
9：00	给国税局打电话				审查税单	工作	
10：00	审查税单	工作	工作	工作	审查税单	工作	
11：00	审查税单	工作	工作	工作	审查税单	工作	看电视
12：00	审查税单	工作	工作	工作	给国税局打电话	工作	看电视
13：00	给国税局打电话	工作	工作	工作		工作	看电视
14：00	审查税单	工作	工作	工作		工作	看电视
15：00	审查税单	工作	工作	工作		工作	看电视
16：00	看电视			看电视		工作	看电视
17：00	看电视			看电视		工作	看电视
18：00	看电视			看电视		工作	看电视
19：00	看电视			看电视	看电视	看电视	看电视
20：00	看电视			看电视	看电视	看电视	
21：00	看电视			看电视	看电视	看电视	
22：00	看电视			看电视	看电视	看电视	
23：00							
24：00—6：00							

确定你所回避的事情

花几分钟时间盘点一下你在最近几个月里回避做的事情；不要在乎清单的长短，只要写下你到现在为止一直在逃避的所有事情。

回避清单

你所回避的活动、情境和人	短期后果	长期后果

确定所有你回避的情境后，看看这些行为在你的日常生活中以及短期和长期的后果。下面是一个例子。

你所回避的活动、情境和人物	短期后果	长期后果
接听朋友的电话	不会为与人交谈而感到紧张 不需要回答关于自己感受的问题	错过与对我重要的人建立联系或者社交 感到更加悲伤、孤独

回避行为很微妙，短期内它会让你感觉很舒服，让你有安全感。但从长远来看，如果不加控制，它会使你远离重要的事情，远离你爱的人，以及你需要做的事情。无论你是偶尔还是长期地回避某些情况，本章将帮助你打破那些回避模式，让你专注于你所在乎的事情。

你最好的防线是从这种回避行为中退后一步，重新与你的价值观、你觉得有趣的事情和你需要做的事情连接起来。

理解价值观

价值观一直是艺术家、创造者、领导者以及地球上几乎所有想活得有意义、有目的的人的灵感来源。

不同的人具有不同的"价值观"。本工作手册的目的是将价值观作为对关键问题的回应：**你是否过着你想过的生活？你想成为什么样的人？你是你想成为的家庭成员吗？作为朋友，你是否在做对你很重要的事情？你是否以你内心深处真正想要的方式对待自己？**

简而言之，根据接纳承诺疗法，价值观是你最深层的欲望、愿望、品质和你想遵循的生活原则。价值观就是你的人生指南针，指引你走向你想要的人生道路。它们给你带来灵感、动力、活力和强烈的成就感。

在深入了解你的价值观之前，以下是需要考虑的事情。

价值观与目标。价值观是你做事的"原因"，它们与目标不同。目标是引导你朝着你的价值观方向前进的具体垫脚石。目标是你完成的行动，在清单上打钩。例如，作为一个母亲，丽贝卡认为她的价值观是"有爱心"，相对应的一些目标是：（1）每天为女儿准备午餐，（2）每周开车送女儿去健身房两次，以及（3）在上学的日子里关心女儿的学习情况。从本质上讲，丽贝卡的目标和行为与她的价值观一致。她的行为可能会改变，但她的价值观不会。

价值观不是感觉。感觉良好并不意味着你实现了你的价值观。价值观也不等同感觉良好。事实上，践行你的价值观，做重要的事情，有时会有不舒服的感觉。例如，对乔来说，关心亲人是一个核心价值观。每个月他都要花6个小时的路程去陪他90岁的祖母一天，而祖母无法出门，几乎不认识他，还不断需要帮助。乔一到，就为祖母梳洗，给她读最喜欢的书，给她留下曾孙们的照片。即使她叫错了自己的名字，他也会握住她的手。乔感到悲伤和沮丧，他认为让一个养育了九个孩子的女人拼命记住他们是不公平的。虽然为践行价值观而干这些活让他并不舒服，但他还是继续探望。

价值观不是要逃避感觉。如果你心里说，你在生活中想要的结果就是痛苦少一点，紧张的情绪，如焦虑或悲伤，少一点，这是能够理解的。但是，如前所述，逃避只会使痛苦感觉更加严重。你不仅会面临严重的抑郁问题，而且充满逃避，缺乏价值感的生活会使你失去活力，使你开始觉得生活没有意义或目的。

价值观不等同于偏好。有些东西是我们喜欢的，热爱的，并不遗余力地去获得。例如，你可能喜欢早晨的咖啡，海滩上阳光明媚的一天，或莎莎舞；所有这些，都很有趣，你可能想拥有很多这样的时刻，但这些是偏好，不是价值观。早晨的咖啡，尽管很美味，但并不能指引你做对你来说很重要的事情。价值观却可以，价值观就像指南针上的箭头，为你指明了方向。

价值观不是满足他人的期望。有时，在谈及价值观时，人们会说："我希望得到别人的尊重。"希望被别人看到、赞赏和尊重是很自然的，你当然也应该受到这种尊重。但这里有一个要点：你根本无法控制别人对你的反应、行为和感受。基于价值观的行动是关于你自己的行为和选择。

践行价值观是一项可操作的任务。采取措施实现对你重要的东西，给你一种新的生存方式。这不是完全没有痛苦的，但它意味着你自己选择你想要的生活方式，而不是你的情绪为你选择并在这个过程中拖累你。你为成为你想成为的人采取的措施越多，生活就越好，正如有人说的："你所练习的，会助你成长。"本章的下一节将帮助你分辨什么是对你来说很重要的事情，以及如何采取措施来实现它们。

识别价值观

下面是一个由两部分组成的练习，用来指导识别你的价值观。我们鼓励你两部分都做，因为它们是互补的。

练习1：我的价值观是什么？

第一部分　在下面的工作表上，描述三个不同的过往记忆，在那些时刻你充满了活力，感觉生机勃勃，正在做着你内心深处热爱的事情。描述每个情况，和你在一起的人，以及你在做什么。假设有人正在记录你的那些时刻——他们会在镜头中看到什么？

在回忆并写下这三段不同的记忆后，试着找出所有这些记忆中让你印象深刻的品质。问问自己"这些时刻对我来说有什么特别之处？""我自身的感受如何？""在那些时刻，我欣然接受的，使我感觉良好的品质或生存方式是什么？"

你的答案将指向你的价值观。在工作表的底部，记下你所想到的价值观，记住用动词表述价值观。你不需要一一列出你的价值观，只需要提炼你在个人生活中努力做和坚持的清单。作为参考，你可以看一下这份价值观清单。

说出你的想法	被接受	有归属感
勇于创新	努力学习	做一个真实的人
连接	愚钝一些	宽容
关爱	谦虚	知识渊博
保持健康	理解他人	保持开放
拥有自由	充满好奇心	勇于探索

不要担心找不到完美的词或完美的价值观，只需列出你想在生活中接受并被他人记住的原则。这个练习的目的不是找出完美的价值观，而是要发现对你来说真正重要的东西。

识别价值观工作表

描述三个不同的过往记忆，在那些时刻你充满了活力，感觉生机勃勃，正在做着你内心深处热爱的事情。

我的价值观是：

案例 在完成这个练习后，安妮得出了以下记忆。

描述三个不同的过往记忆，在那些时刻你充满了活力，感觉生机勃勃，正在做着你内心深处热爱的事情。

记忆1：在庆祝我女儿的6岁生日时，我看着她，感到与她有一种强烈的联系，多么希望以一种她知道我爱她的方式成为她生活中持续的一部分。

记忆2：在一个雨天，我和伴侣正在苦苦思索干点什么自我娱乐。我们打开电视，没有看到任何有趣的东西。我们想吃东西，但似乎没有什么能引起食欲。我们决定出门在附近遛狗，令我惊讶的是，那是我们最甜蜜的时刻之一。天气很冷，我们穿着厚厚的外套，但当我们一起散步时，我们想起了我们的第一个家，为了它，我们是如何努力工作，如何装饰，多少次我们为浴室的瓷砖而争吵，每每想到被油漆成亮黄色的厨房门时，我们都会情不自禁地微笑。我清楚地感受到过得快活，享受丈夫的陪伴，并不总是需要有奢侈或花哨的东西。

记忆3：我记得我在工作中，需要与我的姐姐（也是我的经理）就加薪问题进行一次艰难的谈话。我好几天都睡不着觉，感到很焦虑，见人就征求意见。过去，无论我提出什么要求，工作上的、家里的，还是任何地方的，我姐姐通常都会说"不"表示拒绝。

我将要告诉我姐姐的内容打了一份草稿，在镜子前排练了一番。如果她不给我加薪，我甚至还有一个后备计划。在我们见面的那天，我喝了咖啡，穿上我最喜欢的毛衣，然后走到她的办公室。她热情地招呼我，然后问我关于修改工资的要求。我感到全身都在冒汗，我感到很着急，想要逃跑，但我还是留了下来，告诉她我需要加薪，并复述了原因。姐姐看着我，在我说话的时候没有多说什么，点了点头后，说她会考虑一下，然后讨论一下。她想让我知道，在过去6个月里，我所在的部门没有人加薪。这是第一次，我没有从冲突中走开，也没有因为要求得到我需要的东西而道歉。尽管我没有立即加薪，但在两个月后，我如愿以偿。我知道我为自己做了正确的事情。

我的价值观是：充满爱心，脚踏实地，真诚

第二部分 假设到现在为止，你已经尽你所能地生活了。有些事情如你所愿，有些则是困难重重。有些事情是你计划好的，而有些则是随机发生的。今天你在这里，过着自己的日子，突然生活轨迹发生了戏剧性的变化。现在，就在此时此刻，你被告知你将在24小时后死亡。突然间，你意识到你时日不多，该为最后的离开做准备了。你可能开始呼吸急促，可能

扪心自问："鉴于现在的情况，我想成为什么样的人？"你正在度过你在地球上的最后一天，时日已经不多，没有回头路。在这种情形下，请反思一下，沉思片刻。然后，了解你现在所知道的，完成与第一部分相同的工作表，其中有相同或不同的记忆。

识别价值观工作表

描述三个不同的过往记忆，在那些时刻你充满了活力，感觉生机勃勃，正在做着你内心深处热爱的事情。
我的价值观是：

辨别你生命中对你最有意义的时刻，并思考你的死亡——尽管这可能很困难——有助于你确定什么对你真正重要。现在让我们继续确认你所关心的生活领域。

练习2：哪些领域对我来说是重要的？

人们往往在生活的八个领域有强烈的价值观（Hayes& Smith，2005）。这些领域中的一些对你来说会比其他领域更重要。阅读以下关于这些领域的描述，并圈出对你来说最重要的四个领域。

亲密关系　你想成为你伴侣生命中怎样的存在？

为人父母　对你来说，养育孩子最重要的是什么？

朋友和社会生活　你希望在朋友面前树立怎样的形象？

健康　谈及健康，哪些因素对你至关重要？

家庭关系　在你与父母、兄弟姐妹、子女或其他家庭成员的关系中，你最珍视的是什么？

精神或宗教　你的精神价值是什么？你为何而活？你是如何与世界相连的？

社区生活和公民身份　你希望在社区中树立怎样的形象？

工作和事业　你想在工作和事业中拥有哪些品质？

现在你已经清楚了自己的价值观以及生活中对你重要的方面，那么请你写下四个想要在未来专注并致力于发展的领域（以及相应的价值观）。

价值观承诺工作表

我致力于努力的领域和价值观是：

领域：

价值观：

续表

领域： 价值观： 领域：   价值观：   领域：   价值观：

安妮完成的工作表，如下：

我承诺努力的领域和价值观是： 领域：事业 价值观：向非专业人士传播基于研究的技能 领域：恋爱关系 价值观：陪伴和关心以及连接 领域：精神 价值观：心怀感恩 领域：健康 价值观：平衡事业、人际关系、健康和精神生活

你将在本章的后面再次回顾安妮这个例子和练习，所以务必将其标记出来，以便查看。

关于价值观，有一点至关重要：只有言语，没有行动，就像被风卷走的美丽的树叶。你不希望你的价值观被吹走，因此，让我们进一步确定为实现这些价值观，你可以参与的具体变化过程。

推动行动的过程

我们已经介绍了减少行为回避的必要过程，并准备把重点放在激活或推动行动上。在本节中，我们将介绍三个主要的改变过程，它们能有效地用行动取代限制生活的模式。

◎**基于价值观的激活**，它源自接纳承诺疗法，证实基于价值观的行为的承诺可以提高克服经验性回避的动机和意愿（Zettle，2007）。

◎**行为激活**，包括通过增加活动、克服回避行为和增加获得正面强化刺激的机会来进行改变（Hopko et al.，2003）。

◎**为活动制订时间表**，最初是为了克服抑郁症而开发的（Beck et al.，1979；Freeman et al.，2004；Greenberger & Padesky，1995）。

你还将学习如何识别和克服潜在的行动障碍，增加你对生活的参与度。

确定与你的价值观相一致的行动（基于价值观的激活）

正如不能通过在西雅图的街道驾驶来探索纽约一样，你也不能通过随意的、无关联的行动来实现你的价值观。相反，你必须有意识地选择在正确的方向上采取具体行动、步骤和目标。

现在是确定具体行动的时候了，这些行动将使你的生活与你的主要价值观更加一致。在考虑行动和目标时，请记住以下原则。

◎鉴于你的实际情况，目标和行动必须是具体的和可实现的。

◎目标和行动必须是具体的，能回答谁、为什么、如何、在哪里以及多长时间。

你可以使用下面的工作表来实现这个过程。首先，从练习二的列表中选择生活的任何四个领域。在第一栏，写下你想致力于的领域。在下一栏，为每个领域写上至少三个价值。在最后一栏，思考并写下你能做到的，能够反映每个核心价值的具体行动。

基于价值观的活动工作表

领域	价值观	基于价值观的活动

案例 以下是罗兰完成的工作表。

领域	价值观	基于价值观的活动
亲密关系	连接 陪伴 提供帮助	每周五早上邀请伴侣一起吃早餐。 询问伴侣在工作中面临的挑战，并有意识地倾听她所经历的困难。 周六早上，把我伴侣的车送去保养。

行动起来（行为激活）

现在你已经确定了一些可以采取的基于价值观的行动，让我们来探讨一些策略来推动你的行动。

用有趣和愉悦的活动调动自己。退缩行为不仅发生在对你很重要的活动中，也发生在那些有趣的、令人愉快和高兴的事情中。因此，在本节中，请你选择常见的、日常的、令人愉快的活动来参与。如果你很难确定，这里有一份常见的活动清单会给你灵感。请记住，这个清单是一个通用的清单，你可能想添加一个更具体的活动。例如，如果"锻炼"是你想重新开始做的事情，试着将活动范围缩小到跑步、骑自行车或任何你喜欢做的事情。

◎拜访朋友或家人　　　　◎规划假期

◎与朋友或家人通电话　　◎追求一种爱好

◎去看电影或戏剧　　　　◎收集物品

◎看录像　　　　　　　　◎做手工

◎锻炼　　　　　　　　　◎享受阳光

◎玩游戏　　　　　　　　◎步行或徒步旅行

◎网聊　　　　　　　　　◎阅读

◎听音乐　　　　　　　　◎园艺

◎周末出游

如果你还在纠结，拿不定主意，请向你的朋友和亲戚征求意见。另外，回想一下你过去喜欢的事情。试着记住你曾经做过的所有有趣的事情。

现在，花些时间记下你曾经喜欢过的或可以想象在未来喜欢的具体活动，至少写12项。

快乐的活动

1.
2.
3.
4.

续表

5.
6.
7.
8.
9.
10.
11.
12.
13.
14.
15.
16.
17.
18.
19.
20.

　　然后，让我们看看你有哪些差事、活动和职责可能会因为你觉得太过压抑而不去做它们。让我们打破不作为的循环，让你行动起来。

　　用必须做的活动来调动自己。我们的生活也包括必须完成的活动：支付账单、去看病、买菜等。很可能你也与这些活动脱节了，因此，这一堆被拖延的责任，给你带来了更多的困扰。

案例 伊莎贝拉积累了像山那么高的一堆必做活动，可她一直在逃避，最后，她把她能想到的活动都列了出来：

支付手机账单

完成研究生入学申请

申请医疗保险

找一份临时工（在开始读研之前）

预约医生

买本周的菜

给房东打电话

把车送去保养

给电视买一个新底座

为妈妈买生日礼物

修理床头柜的腿

为家庭照片找一个相框

现在请对你必须做的活动做一个盘点，至少写12项。

必须做的活动

1.

2.

3.

4.

5.

6.

续表

7.
8.
9.
10.
11.
12.
13.
14.
15.
16.
17.
18.
19.
20.

制订每周活动安排。现在，你已经确定了你的价值观，以及基于价值观的行动、有趣的活动和必须完成的任务，让我们来为它们制定一个时间表吧。你可能会问，如果我知道我需要做什么，为什么还要制定时间表？原因很简单：跟踪所做的事情以及时间分配，能够增强你的责任感并激励你继续前进。

因此，以下是你需要做的。

拿起笔和下面的每周活动时间表。为一周中的每一天做如下安排：

    ◎回到基于价值观的活动工作表，安排一项基于价值观的活动。在它旁边，写下字母"V"，代表价值观。

◎回到"快乐的活动"工作表，安排一项愉快的活动。在它旁边，写下字母"P"，代表快乐。

◎回到"必须做的活动"工作表，安排一项必办事项。在它旁边，写下字母"M"表示必须做的事。

刚开始时，你可以从每个类别中每天安排一项活动，但在接下来的几周内可以增加和改变活动。

每周活动安排

	星期一	星期二	星期三	星期四	星期五	星期六	星期日
6：00							
7：00							
8：00							
9：00							
10：00							
11：00							
12：00							
13：00							
14：00							
15：00							
16：00							
17：00							
18：00							
19：00							
20：00							
21：00							
22：00							
23：00							
24：00—6：00							

以下是伊莎贝拉的每周活动安排。

	星期一	星期二	星期三	星期四	星期五	星期六	星期日
6：00							
7：00				去骑自行车(V)			
8：00	完成研究生入学申请(M)		去徒步(P)		支付手机账单(M)	记日志(V)	
9：00							买菜(M)
10：00		找一份临时工（在开始读研之前）(M)					
11：00							
12：00	做比萨(P)			申请医疗保险(M)			享受阳光(P)
13：00		把车送去保养(M)				给房东打电话(M)	
14：00			锻炼(V)		给父母打电话(V)		
15：00							给电视买一个新底座(M)
16：00							
17：00	预约医生(M)						
18：00			做饭(V)	整理、锻炼、徒步和骑自行车时的音乐播放表(P)			从零开始学习做比萨(V)

续表

	星期一	星期二	星期三	星期四	星期五	星期六	星期日
19：00	听音乐 (P)		玩游戏 (P)		给高中 同学 打电话 (V)		
20：00							
21：00							
22：00							
23：00							
24：00—6：00							

现在有了周历，是很大的一个进步，然后让我们确保你有必需的执行工具。

承诺完成周历（每周活动安排）

为行为改变作出承诺可以提高动机和意愿，增加活动水平，克服不同形式的逃避（Hayes & Smith，2005）。请记住，对每周活动安排作出承诺并不是要期待一个特定的结果，而是承诺体验、接纳并坚持这个决定所带来的结果。你所作的每一个选择，都会带来相应的体验作为结果。

我们鼓励使用以下工具作出承诺。

对于这项具体的活动：_____（写下活动内容）

我愿意体验：_____（写下你可能遇到的不适的类型）

这样我就可以：_____（写下实施该特定行动的好处）

伊莎贝拉的承诺练习是这样的。

对于这项具体的活动：<u>完成研究生入学申请。</u>

我愿意体验：<u>焦虑、自我怀疑以及拖延的冲动。</u>

这样我就可以：<u>向前迈进，完成读研的目标。</u>

如果每周都将所有这些步骤付诸行动，你会注意到日常生活发生了转变。关键是按照你的价值观行事，处理好你需要做的事情，并且每天都有愉快的活动。丰富的生活是拥有多种参与和快乐的来源，这种多样性的体验是打破逃避模式和过上你想过的生活的关键。

识别和克服障碍

你已经学会了一些减少行为逃避和增加行动的技能，但重要的是，在你做更多的事情和重新参与生活的过程中，要预见到可能出现的障碍。为了丢掉逃避行为并以行动取而代之，你将需要为畏难的感觉、不舒服的想法和身体中恼人的感觉留出空间。这对你来说可能非常具有挑战性，但为了过上你想过的生活是值得的。列出你希望在下周安排的活动（基于上面完成的每周活动安排）。然后记下预计可能出现的障碍——可能妨碍你的情况、想法或感觉。即使它们看起来很傻或很蠢，也不用担心，只要把它们写下来，你就可以为每一项制订行动计划。

识别潜在的障碍

活动类型 V=基于价值观的 M=必须做的 P=快乐的	活动	潜在的障碍

续表

活动类型 V= 基于价值观的 M= 必须做的 P= 快乐的	活动	潜在的障碍

还记得本章前面提到的安妮吗？安妮确定了以下障碍。

活动类型 V= 基于价值观的 M= 必须做的 P= 快乐的	活动	潜在的障碍
M	支付账单	在查看金额时，会感到焦虑不安
P	阅读哈利波特系列小说	难以集中注意力；担心自己无法完成，就像我开始的其他事情一样。
V	晚上邀请伴侣回顾一天中发生的事情	无聊、疲惫、可能发生冲突

接下来，你将学习两种具体方法来克服你的障碍。

1.**视觉化**。选择一项活动来进行，并想象这项活动所需的步骤。闭上你的眼睛，在脑海里演练你需要采取的所有步骤，以实现你的目标。使用你所有的感官，尽可能生动地体验每个步骤。你和谁在一起？你做什么或说什么？情况是怎样的？当你详细想象事件的过程时，注意任何可能妨碍按照你的价值观行事和实现你的目标的想法、感觉和感受。当你觉察到你的内部体验时，就告诉自己："这是一种情绪，这是一种想法。"尽量不要与任何内部体验作斗争。在你继续想象你需要采取的步骤以完成该活动时，只需承认它们。

2.**解决问题**。制订一个解决问题的计划。你所确定的一些活动可能看起来很大，很痛苦，或无法完成。为了增加获得理想结果的可能性，可以制订一个修正的行动（解决问题）计划，即把事情分解成更容易管理的步骤。填写下面的工作表，在最后部分，尽量将活动分解成至少三个步骤。

修改后的行动计划工作表

活动的类型：

活动：

障碍：

我修改后的行动计划的具体步骤是：

让我们来看看安妮的障碍和基于她的价值观的活动而修正的行动计划。

活动的类型：基于价值观的
活动：晚上邀请伴侣回顾一天中发生的事情
障碍：无聊、疲惫、可能发生冲突
我修改后的行动计划的具体步骤是：

　　　　◎每晚问伴侣是否有兴趣；

　　　　◎商量双方一致的时间；

　　　　◎开始前，分享一份轻松的饮料或零食。

正如你所看到的，有一个修改后的行动计划使事情做起来更容易，因为你把它们分解成更加细小的步骤。

注意当你努力为一个潜在的障碍制订一个修改过的行动计划，或者将需要采取的步骤可视化时，会发生什么。这个任务是否感觉更容易完成？你是否觉得更愿意去做这件事？

在确定并克服了这些潜在的障碍之后，让我们增强你实现目标的意愿和动力。下一节将帮助你做到这一点。

增强对生活的参与度

最后，除了我们所涉及的增加激活行动的改变过程之外，还有两个重要的方法来增加你对生活和关系的参与度：赞赏和感恩。

赞赏技能

"赞赏"（appreciation）一词来自两个拉丁词：ad，意思是"朝向"，pretium，意思是"价值、价格"。基于这些词根，赞赏本质上意味着看到其他人的经验、行为、反应和智慧的价值。赞赏可以滋养与他人的关系，培养与他人建立稳定和牢固的联系的能力，从而提高整体幸福感。

你可以通过注意、欣赏和口头上的立即赞美这三个步骤将赞赏技能融入你的日常生活中。

注意是指看到一个具体的行为。

欣赏是认识到对方行为的价值。

赞美是让对方立即知道你看到了他们行为的价值。

赞美的语句可以从"我喜欢你……""当你……我喜欢它""我欣赏你……"或"当你……让我微笑"开始。

在接下来的四个星期里，专注练习赞赏的技能，每当看到一个人在做你重视的事情或者你希望看到更多的类似事情发生时，即使它可能是一个很小的行为。你会惊讶于公开的赞赏对你的关系和你自己对生活的参与度所产生的影响。你欣赏什么，你就模仿什么。

感恩的技巧

回想你在日常生活中感到感激的事情，会点亮你大脑中参与调节情绪的区域。简单的感恩练习能让你更有韧性，并培养处理难以承受的、紧张的和令人不安的情况的能力。

感恩并不意味着你每次洗衣服或抬头看夕阳时都处在幸福的状态下，悠然度日。它更像是练习一种技能，有意识地将你的思想集中在你周围发生的好事上，即使它们看起来很微小。通过有目地选择关注什么，沉浸在这些瞬间，并留意那些带来愉悦感受的东西，你可以调节注意力，训练大脑，无论背景中有什么噪声，都可以选择如何花费自己的时间、精力和努力。

例如，尤森将以下的行为纳入了感恩实践：给邻居发送感谢短信，感谢他照看自己的宠物；感谢丈夫做了一顿饭；在散步时，感激自己身体的活力；让她最好的朋友知道自己有多喜欢一周前跟他们共度的午餐时光。

以下是一些建议，供你添加到你的每周活动安排中。

　　◎开始写感恩日记。

　　◎在一天结束时，列出你所感激的事情。

　　◎给你感激的人写一封感谢信。

　　◎创建一个感恩箱：每周一次，花点时间在卡片上写下你在一周内所感恩的事情，并把它放在一个特别的盒子里。

感恩的技巧可以像其他行为一样进行排练、练习和执行。只需作出选择，回报则是可观的：减少抑郁情绪，更多地参与那些带来愉悦的事情。

总结

在这一章中，你学到了如何调动自己——停止与逃避、退缩和断绝关系的模式较劲——以及如何增加日常活动以提高幸福感。

有些时候，将这些技能付诸行动可能很难，但如果把它们作为常规生活的一部分，就会变得容易。在每周的活动安排中定期增加基于价值观的、必须完成的和令人愉快的活动，将改善生活质量，增强适应能力，并提高处理所面临的挑战性时刻的能力——不逃避、不断联、不退缩。

从这里开始，回到评估章节，看看你在《综合应对量表》（CCI-55）上的下一个最高分数，它将告诉你接下来要从哪一章着手。

2

勇气：
从寻求安全到
内在安全

根据对《综合应对量表》(CCI-55)第2部分的回答，你可能过多、过快、过频地依赖寻求安全的习惯性行动。以下是一些日常例子，说明你可能会为寻求安全而采取的行动。

◎在面试前几天开车去工作地点，以免在面试当天迷路。

◎提前排练公开演讲十几遍，以免到时出丑。

◎当有消极想法时，马上想到积极的东西。

◎不告诉你的老板你对一个项目的真实想法，以免造成问题。

◎避免阅读新闻，以免对发生的事情感到焦虑。

本章将教你如何识别你寻求安全的行为，用直面恐惧情境来替代这些行为，并发展一种内在的安全感。

寻求安全：它是什么

人是情绪化的生物。我们经历的一些情绪是有趣和令人兴奋的，我们迫不及待地想再次感受它们。而有些情绪是我们不想拥有的，我们不喜欢它们，有时我们寻求控制它们。而有一种类型的情绪特别能牵制我们，让我们的情绪起起落落，让我们犹犹豫豫，这就是恐惧。

我们的祖先曾面临着各种类型的危险情况：捕食者、险恶的天气条件、竞争、危险的地形、社会群体内的敌意、流放、未知的疾病，以及许多其他可能意味着死亡的情况。所有这些压力导致了人们天生关注威胁和基于恐惧的反应：担忧、焦虑、恐慌，以及许多类似的情绪。随着我们的进化，人类学会了遵循"安全比遗憾好"的规则来生存，并发展出一系列复杂的行为，以避免威胁——包括像可怕的想法这样的内部威胁和外部危险。

心理学文献将这些行为称为"寻求安全的行为"或"安全行为"，这些术语是由萨尔科夫斯基斯在1996年首次提出的。从那时起，随着研究的进展，已经很清楚，安全行为不仅存在于所有的焦虑症表现中，而且是每个人在面对感知到的威胁时的一种自然反应。

所有这些反应都是自然的，没有特别的问题。然而，正如你将看到的，许多安全行为——如检查、寻求认可、拖延、过度准备和逃避/回避——有一个意外的后果，就是使你在生活的不确定性面前更加焦虑和脆弱。以寻求安全的方式处理所有压力情况的挑战是，你体验不确定的、不可预测的和不完美的情况的能力变得有限。换句话说，你管理恐惧情况的能力被限制在安全拐杖上。当你只知道如何避免不确定性时，不确定性本身就变得越来越难以被忍受，世界也会被认为越来越不安全。

你学会了大量依赖寻求安全的行为，这并不是你的错。同样，这样做是很自然的，因为安全行为的目的是避免遇到引发焦虑的威胁时所产生的不适、苦恼和焦虑。所有寻求安全的行为都是规避的方式，但有些行为比其他行为更明确。

下面我们将描述6种最常见的安全行为——转移注意力、拖延、过度准备、寻求认可、检查和逃避/回避——这样你就可以轻松区分它们，抓住每一种行为，并将一些改变过程付诸行动，以停止或减少这些行为。

转移注意力

转移注意力是为了避免可怕的或强迫性的想法。许多与强迫症作斗争的人都有干扰或令他们感到恐惧的想法。这些想法可能包括做或说一些不可接受的、亵渎神明的想法，伤害他人的想法（实际上并不打算这样做），以及其他无数的想法。

转移注意力可以起到短暂的作用，但被驱逐的想法很快就会回来，并带来另一阵恐惧。与强迫症作斗争的丹，经常有用刀刺伤他女朋友的强迫性画面。他爱她，也不想伤害她，但这个念头一直伴随着大量的恐惧和自我厌恶萦绕不去。为了转移自己的注意力，他为她说好话和做好事，或用"不，不，不"或"请让它停止"等口头禅，但随后检查（见"检查"），看看那些画面是否存在。当然，它们仍然在。

拖延

当依靠这种形式的寻求安全的行为时，你会推迟手头的任务，这样你就不会面对随之而来的苦恼。例如，帕梅拉必须完成她的毕业论文才能从商学院毕业。但是，每当她坐下来写或想到要做这件事时，她都会感到胸口有一种强烈的感觉，心脏开始加速跳动，想到：我认为自己办不到。如果我没有通过呢？几分钟后，她打开电视看她最喜欢的节目；其余时候，她开始做饭或给她的一个朋友打电话，以此来避免写论文时的不适感。

拖延行为有很多形式，比如重新安排会议时间，用有趣的活动转移注意力，推迟项目的交付日期等等。但所有这些行为的目的都是避免面对某个特定项目的焦虑。

过度准备

这些行为是为了确保你不犯错、不失败、不出丑而做的。但当你做得极端时，它们就没有帮助了。例如，记者彼得正准备做一次演讲。他写了三个不同的大纲，每一个都排练了很多次，给自己录音，看录像，并请他的朋友看。但做完这一切后，他仍然认为自己的演讲不够好，所以他考虑写第四稿。

寻求认可

当你面对一项新的任务、项目、情况或活动时，得到认可才会消除任何不确定感。让我们想想娜塔莎，一个33岁的变性人，希望别人用"他"来称呼自己。当娜塔莎去约会时，在与潜在的对象交谈完回家后，"他"会满心担忧，担心对方是否喜欢"他"，对方对"他"的看法如何，以及对方是否会再次联系"他"。通常在回家的路上，娜塔莎会迅速发短信问对方："'我们'相处得还好吗？'我们'有共鸣吗？"尽管"他"过去也意识到，也许自己太急于求成，但娜塔莎还是一再重复同样的行为，这一切都是出于对未知的强烈恐惧。

寻求认可的行为有很多方式。在上面的例子中，娜塔莎依靠询问约会伙伴的感受。其他寻求肯定的人可能会在网上研究医疗问题，给医生打电话，或向朋友询问某个特定问题。所有这些行为的目的都是一样的：以消除你正在挣扎应对的任何形式的怀疑和不确定性。

检查

这种特殊的安全行为是为了确保你检查、验证或确认某个特定的负面结果不会发生，或者某个特定的想法不是真的。这里有一些例子。

杰夫是一名视觉设计师，他正在为缪斯乐队即将发行的作品制作视觉元素。杰夫热衷于创造美学背景，并真正努力做到最好，以使在创建这些视觉面板时，达到完美的颜色、图像、文本和形状，以便所有这些元素能够有机地互动。在试图确保一切看起来都很好的过程中，杰夫变得很害怕，担心有什么东西可能出错。所以他检查每一个元素，当他认为他已经完成时，他想：如果我犯了一个错误怎么办？如果我没有仔细关注形状和各元素间的协调，怎么办？因此，杰夫会回去检查每一个面板、颜色像素、声音片段，以及混合这些元素的每一行编码。一般来说，别人需要两天的时间，而杰夫却要花七天的时间来检查所有的细节，以确保一切正常。

检查也可以包括私人的体验。阿莱雅对患上呼吸系统疾病有一种执念，尽管医生告诉她，她的医疗档案中没有任何相关迹象。她不断地检查自己的呼吸，观察呼吸的质量、节奏、温度以及通过鼻孔的空气量是否有细微的变化，所有这些只是为了确保自己的呼吸没有问题。

正如你所看到的，检查行为可以包括外部和内部诱因，可以是外部的，如杰夫的案例，也可以是内部的，如阿莱雅的案例。

逃避 / 回避

想一想，你有多少次以最快的速度，从引发焦虑的情况中跑出来。这些行为被称为逃避，它们具体指的是在当下逃离某种情况。回避，一般来说，包括你做的所有逃避行为。所以逃避和回避是表亲关系。当一个人在当下逃离某种情况时，心理学家称之为逃避；当一个人形成行为模式以尽量减少与诱发情况的接触时，称之为回避。

让我们先考虑一下帕科的挣扎。帕科害怕乘坐电梯，不惜一切代价避免乘坐电梯。在他上高中时，他被卡在电梯里三个小时，惊恐万分。从那时起，他想尽办法不坐电梯。帕科一直巧妙地避开电梯，在去一个新地方之前先问别人是否有电梯，确保有楼梯，或者提前参观大楼，确保他可以走楼梯。帕科一直在不遗余力地确保他不会再被困在电梯里。到目前为止，情况良好。但是，正如生活中发生的那样，有一天他在一家咖啡馆接受了一位记者的采访，随着谈话的展开，帕科被邀请去七楼的编辑部。帕科感到一股恐惧涌遍全身，从脚趾到头。他几乎无法说话。当他们接近电梯时，帕科的心像打鼓一样，他说："对不起，我忘了我现在还有一个会议。得走了！"然后他快步走向大楼的出口。帕科逃避了他对电梯的焦虑。但是他对电梯的恐惧只会越来越严重，因为逃避使他无法了解到他可以安全地乘坐电梯。

现在你已经熟悉了转移注意力、拖延、过度准备、寻求认可、检查和逃避 / 回避行为在现实生活中的表现，接下来我们将介绍一下这些改变过程，帮助你尽可能有效地处理这些寻求安全的行为，并帮助你打破焦虑的桎梏。

减少寻求安全的过程

让我们开始吧。通过本章的学习，你将会学到两种具体的技能：反应预防和暴露疗法。这两个过程都涉及发展安全行为的等级，所以我们将从这里开始。

安全行为的等级

想一想你目前正在做的所有寻求安全的行为。这些是你应对各种情况的方式，但它们非但不能帮助你减少焦虑和控制感，反而会让你感到被不确定性和生活中可能发生的各种灾难所压倒。在下面的工作表中，在第二栏列出这些寻求安全的行为。接下来，评估它们对你的日常生活的影响，最后，按影响力从大到小排序（即，1= 最有影响）。

寻求安全的行为工作表

级别	习惯性寻求安全的行为	对你日常生活的影响			
		最小的	小的至中等的	大的	最大的

案例 当玛莎列出她寻求安全的行为并进行排序时，她惊讶地发现其中有很多行为对她的生活和工作产生了强烈的影响。

级别	习惯性寻求安全的行为	对你日常生活的影响			
		最小的	小的至中等的	大的	最大的
11	避开高速路		X		
9	避免拥挤的地方	X	X	X	X
2	避免在夜间外出	X	X	X	X
6	在互联网上查询有关健康的问题			X	
5	推迟支付账单			X	
1	拖延工作任务			X	

续表

级别	习惯性寻求安全的行为	对你日常生活的影响			
		最小的	小的至中等的	大的	最大的
10	避免与我的老板见面			X	
7	向比尔寻求肯定，关于他对我的感情			X	
3	检查我是否感到焦虑				
4	检查我的心率				
14	寻求玛格丽特（朋友）对我的穿着和外表的肯定				
8	花太多时间穿衣打扮，导致经常上班迟到				
12	寻求比尔的保证，说他没有对我生气				
13	躲避悲伤的人——妈妈				

除了逃避／回避之外，每一种类型的安全行为都可以通过一种叫作**反应预防**的过程来减少或消除，即逐步或完全停止这种行为。逃避／回避则需要一种不同的方法，即**暴露**，你将在本章后面了解到这一点。

反应预防

反应预防就是它听起来的样子：使用策略来防止你用典型的安全行为作出反应。你可以利用反应预防来克服转移注意力、拖延、过度准备、寻求认可和检查。从对你生活影响最大的安全行为开始。

因为从长远来看，安全行为使你更加焦虑，无法容忍任何不确定因素，所以最好是完全停止这些行为。如果你能完全戒掉安全行为，那是最理想的。但有时这也是一个难以逾越的障碍，因为停止安全行为最初会暂时提高你的焦虑感。在这种情况下，你可以减少你的安全行为的频率或发作。使用下面的工作表来制订你的减少安全行为计划。列出对你的生活有很大或巨大影响的行为，以及一些影响很小的行为，以及它们的等级。然后，在第三栏中，为每一种行为写上具体的行动，以帮助你减少这种行为（或者指出这种行为不需要减少）。

减少安全行为计划

级别	习惯性寻求安全的行为	减少/停止计划

以下是玛莎如何完成她的计划。

级别	习惯性寻求安全的行为	减少/停止计划
1	拖延工作任务	在接到任务的24小时内开始工作
3	检查我是否感到焦虑	设置智能手机定时器，每小时检查一次，然后是3小时，然后是6小时，然后一天一次，然后就不用了

续表

级别	习惯性寻求安全的行为	减少/停止计划
4	检查我的心率	与上述相同
5	推迟支付账单	每月第三个星期六支付
6	在互联网上查询有关健康的问题	停止查询 WebMD（美国互联网医疗健康信息服务平台）
7	向比尔寻求肯定，关于他对我的感情	停止询问
8	花太多时间穿衣打扮，导致经常上班迟到	设置40分钟的计时器，然后到时出门
12	寻求比尔的保证，说他没有对我生气	不值得去做
14	寻求玛格丽特（朋友）对我的穿着和外表的肯定	不值得去做

玛莎首先列出了对她的生活或关系影响最大的安全行为。在她的案例中，拖延工作任务会给她带来严重的麻烦，并造成高度的焦虑，所以她一开始就把重点放在这个方面。

现在你已经有了一份关于你最重要的寻求安全的行为的清单和一份减少这些行为的书面计划，现在是时候使用反应预防来进行改变了。当经历了转移注意力、拖延、过度准备、逃避、寻求认可或参与检查行为的冲动时，请遵循以下步骤。

1. **作出个人承诺**，脱离对特定安全寻求行为的依赖。你甚至可以把它写在日记或日历上。"我承诺在（具体日期）放弃（寻求安全的行为），这样我就可以成为（个人价值）。"确保你清楚为什么结束你的安全行为会使你的生活变得更好。你将能够做什么，而你现在不能做什么？

2. **承认你有做寻求安全的行为的冲动**。假装它不存在——你现在可能知道——只会使事情变得更糟。那么，为它留出空间呢？你可以通过简单描述它的感觉来承认它。你可以对自己说："我注意到我的胃里出现了这种紧张；我注意到这种危险的感觉。"

3. **为你的冲动命名**。当你感觉到做安全行为的冲动时，可以给你的冲动起个名字，比如"怪胎"或"逼迫者"。你可以选择任何名字。重要的是，你要用这个名字来认识这个熟悉的推动力或冲动。

4. **与你的身体相连**。深吸一口气，把肩膀向后转，把头从一边转到另一边。这有助于你接地气。观察并释放紧张情绪。注意不舒服的地方，并针对性进行呼吸。

5. **选择要关注的内容**。注意你此刻所处的位置，在做什么，或者和谁在一起。如果你的思绪飘忽不定，把你的注意力重新集中到现在对你重要的事情上。什么任务或工作在此刻很重要？什么关系是你现在最重要的？

6. **遵循你的计划**，让任何焦虑或不舒服的感觉上升并逐渐消退，就像波浪一样。

暴露疗法

暴露，从根本上说，就是让你直面恐惧。几乎每个人都有他们所害怕和回避的东西，而且大多数人都有几种。多年来，大多数暴露治疗都是基于习惯化模式，它鼓励你逐步、分级地面对你的恐惧，并保持在一个触发的情境下，直到你的焦虑水平下降。然而，尽管这种模式取得了成功，但相当多的人对它没有反应，出现复发，并提前退出治疗（Craske et al.，2014）。

通过逐步面对恐惧，持续暴露，克拉斯克（2013）发现，你所害怕的东西和危险感之间的关联可以被一种叫作抑制性学习的东西打破。以不同的地点和不同的方式多次体验所害怕的刺激物，会产生一种"新的安全联想"，阻止旧的学习（所害怕的刺激物是危险的）的激活，并在与旧的、所害怕的刺激物之间建立一种安全感。暴露技巧在与个人价值观相联系时效果最好，所以在下一节学习暴露技巧时，我们将要求你重新审视你在第一章中确定的价值观。

完成基于价值观的暴露疗法工作表

首先，在接下来的"基于价值观的暴露疗法工作表"上，列出所有你正在逃避/回避的情况。（你已经在你的"寻求安全的行为工作表"中列出了这些情况）。

例如，玛莎在她的清单上有5个逃避/回避行为：

◎避开高速路

◎避免拥挤的地方

◎避免在夜间外出

◎避免与她的老板见面

◎躲避悲伤的人

她还在反思中增加了两次回避的经历。

◎避免乘坐公共交通

◎避开坚持己见和高标准的人（比如她的朋友马乔里，她的同事吉姆，以及她的母亲——她也因为她的母亲是一个悲伤的人而避开她）。

先不要担心价值观和价值观评分这两列。我们稍后会处理这些问题。

基于价值观的暴露疗法工作表

逃避/回避的行为或害怕的情况	价值观	价值观评分（1—5分）

续表

逃避/回避的行为或害怕的情况	价值观	价值观评分 （1—5分）

因为直面你的恐惧是一项艰苦的工作，所以当你接近这些让你害怕的情况时，重要的是你要弄清楚你关心什么——是什么让你值得这么去做。为了明确你的个人价值观，请回答这两个问题。

1.哪些担心的情况对你来说足够重要，以至于你愿意面对它们，并忍受接近它们时的不适感？

2.哪些价值观（你深深关心的事情）使你值得去做面对这些恐惧情境的挑战工作？

随后，在第2栏中，填写值得你挑战所害怕的情境相应的价值观。接下来，就你所回避的情境而言，对每种恐惧情境按你重视和在意的程度进行评分（1—5分）。每种情况都是你的暴露疗法菜单中的一个潜在的暴露练习，我们很快就会对此进行研究。

让我们来看看玛莎的基于价值观的暴露疗法工作表。

逃避/回避的行为或害怕的情况	价值观	价值观评分 （1—5分）
避开高速路	探亲/旅行/紧急情况下的帮助	4

续表

逃避/回避的行为或害怕的情况	价值观	价值观评分 （1—5分）
避免拥挤的地方	享受现场音乐 民权抗议活动 活动家会议	5
避免在夜间外出	现场音乐 活动家会议 探访朋友 感觉自由/独立	5
逃避与我的老板见面	有效地工作 保持我的工作 协作工作	4
躲避悲伤的人	拜访母亲 对处于痛苦中的朋友给予支持	4
避免乘坐公共交通	绿色出行	3
避开坚持己见和高标准的人	支持更困难的朋友/同事	3

你将使用你的基于价值观的暴露疗法工作表来创建你的暴露疗法菜单——一份多项接触活动的清单，以减少你的习惯性寻求安全行为。

创建一个暴露疗法菜单

你的暴露疗法菜单是以有组织、有计划的方式处理这些触发情境的路线图。你可以随时回顾并根据需要进行调整。要创建你的暴露疗法菜单，从你最重视的情境开始，即那些你在基于价值观的暴露疗法工作表上评为3—5分的那些情境。对于每种情境，想一想你可以做哪些行为和活动来接近以前一直避免的情境。如果其中一些活动非常困难，你可以增加其他的暴露练习，让事情对你来说更可行。你不必一上来就猛地扎进深水区来面对恐惧的情境。你总是可以进行调整。试着考虑以下变量。

◎空间上的接近性：你离你所担心的情境有多远？

◎时间上的接近性：你会在多长时间内面对所担心的情况？

（例如，在高速路上行驶5分钟，然后10分钟，然后再延长到

30分钟）

◎受威胁程度；担心的情况有多困难？是否有办法，至少在一开始，使其不那么具有威胁性？（例如，在高速公路上行驶，先选择车流量小的区域，然后是车流量中等，最后是高峰期）

◎受支持的程度；在面对这种令人恐惧的情况时，有没有人可以成为你的支持人？这将有助于为你最终独自面对它做好准备。

你的暴露疗法菜单上的每个项目都可以被分解成多个暴露机会，每个机会都有助于打破旧的、令人恐惧的经验和危险感之间的联系。

案例　克里斯是一名网站开发人员，他害怕公开演讲和狗。当他被要求在每周的会议上发言时，他的焦虑很明显：心跳很快，手心出汗，心慌。他想被提升到公司的行政级别职位，但他非常担心自己对公开演讲的恐惧，因为新职位需要他在一周内主持多个会议。

克里斯在看到、听到或在狗身边时，也有类似的焦虑反应。在十几岁的时候，他被一只狗攻击过，从那时起他就一直在与恐狗症作斗争。多年来，他一直成功地避开狗，要求他的朋友把他们的狗放在单独的房间里，不去可能有狗的公园，在确定周围没有狗之后，才把车留在某个地方。但是克里斯爱上了一个做狗保姆的人，他知道现在是他克服恐惧症的时候了。

当克里斯回答上面的两个问题时，他总结出以下价值观。

职业：领导和激励人们做好工作

恋爱：分享和参与伴侣的兴趣；对新的共同经历持开放态度

个人成长：愿意面对日常生活中出现的不可预测性、未知性和不确定性

人际关系：在与他人打交道时保持真实

在了解自己的个人价值观后，克里斯根据他的日常活动是如何被他的社交恐惧症和恐狗症所影响，制定了这个《暴露疗法清单》。

暴露疗法清单

在一次会议上提出建议，这样我就可以练习带着不知道别人怎么看我的不适感坐着。

和女朋友去一个新的社区，不问她是否看到周围有狗，这样我可以练习对新环境更开放。

请一位养狗的朋友和我一起去散步十分钟，一直把狗拴着，这样我就可以练习在狗身边保持舒适。

在每次会议上做三个简短的评论，这样我就能学会与成为注意力中心的不适感相适应。我会在会议开始/中间的时候做，而不是拖延或根本不做。

邀请同事出去吃午饭，这样我就能更好地与他人打交道。

在拴着的狗旁边待上5分钟，而不问狗的主人它是否有攻击性，这样我就可以参与到伴侣的兴趣中去。

在杂货店里微笑着向陌生人询问有关产品的问题，这样我就能更好地与他人打交道。

开车去狗公园，在车里待上10分钟，同时看狗玩耍，这样我就能学会尝试新的体验。

邀请人们到我那里吃饭，这样我就能学会与他人进行开诚布公的对话。

写一份简要的部门通报，并在会议上宣读，这样我就可以激励人们做好工作。

向我的女朋友询问她作为狗保姆与狗相处的挑战性时刻，这样我就可以共情她的经验。

以下是克里斯的暴露治疗清单中需要注意的重要事项。

◎这包含了他的两种恐惧情况结合的暴露练习。如果你正在处理不同的恐惧情况，你不需要为每一种恐惧制定单独的暴露疗法清单，只需要一个菜单，就像克里斯创建的那样。

◎克里斯的暴露活动与他的日常生活有关。这是接近恐惧的最佳起点。暴露练习并不是要计算面对恐惧的情况有多少次，并能顺利通过。它们是要确保面对一个特定的情况、人、活动或物体，使你更接近于成为你想成为的人，并做对你重要的事情。

◎一些暴露活动还确定了克里斯在暴露期间，试图断开的安全拐杖。这一点很重要，因为接近恐惧的目的是尽最大的能力与当下出现的情感体验接触。

现在，让我们深入了解你可以做的不同类型的暴露练习。

暴露练习的类型

本章涵盖了三种类型的暴露练习——情景式、想象式和体感式。你将详细了解它们中的每一种，以及如何将它们与你的价值观联系起来。再通过练习暴露疗法清单，选择最好的一种。

情景暴露　这种类型的暴露意味着实际接近一种活动、情况、人或物体，并接触到随之而来的所有不舒服的感觉。

多年来，罗斯一直避免在高速路上开车，她通过请求别人送她去她需要去的地方：学校、女朋友的公寓、公司和篮球场，来逃避这种恐惧感。当她找不到车时，她会提前计划好使用公共交通工具所需的额外时间，或者查看她是否能负担得起网约车。她的暴露疗法清单如下：

◎有人陪同驾驶5分钟。

◎独自驾驶5分钟。

◎独自驾驶10分钟。

◎开车去学校——上夜校。

◎开车去看望女朋友——先是车流量小时，然后是交通拥挤时。

◎与住在附近的同事开车去上班。

◎独自开车去上班。

◎驾车前往徒步旅行路线。

◎与朋友开车去篮球场。

◎开车去山脚下画油画，在高峰期回家。

想象暴露 另一种做暴露练习的方法是根据你为此目的开发的剧本，利用你的想象力。当你处理那些不能以情景暴露的方式来处理的触发性情景时，可以使用想象暴露：例如，关于刺伤你的亲人、感染艾滋病或令人困扰的性行为等强迫性想法；丢失或忘记某物的想法；对雷雨或被攻击的恐惧。

另一个使用想象暴露的好时机是，当你先尝试了以价值观为指导的情景暴露，并对那个特定情景感到非常焦虑和恐惧时。你通过想象场景进行练习之前，你就是无法让自己去面对。以下是撰写基于价值观的想象暴露剧本的关键因素。

1. 用现在时态来写剧本，就像现在正在发生一样。

2. 用第一人称写剧本，用"我"作为代词。

3. 尽可能多地使用涉及五种感官的细节，描述你看到的、听到的、感觉到的、感受到的和闻到的。

4. 描述有这些意象或强迫症时的个人体验（例如，"我觉得……""我的身体会……""我在想……"）。

5. 写下剧本，包括最坏的情况。

6. 不要包括安慰的声明（例如，"一切都很好，我很好""他们很好""这永远不会发生""这将很快结束"）。

7. 不要进行精神仪式（如数数、祈祷或说特殊的话），也不要分心。

8. 不要担心剧本的长度，这并不重要。更重要的是，剧本要具备第1至6点所述的要素。

想象暴露有两个步骤：

第一步，在你的智能手机或数字录音机上录制你的想象暴露脚本。在录制过程中，你可能会感到某种程度的不适，甚至会有想要中断或抑制自己反应的冲动。请尽量保持对话的连贯性，直至完整记录下整个想象暴露脚本。

第二步，听你的想象暴露录音。找一个舒适的地方听录音，然后每天至少播放30分钟。如果设备支持，可以设置循环播放；若不支持，就手动设置。

追踪想象暴露的最好方法是在听录音时，每5分钟记下你的回避冲动（从0到10）（0=无回避冲动；10=最大回避冲动）。使用下面的图表来监测你在整个想象暴露过程中的回避反应。理想的过程是继续听暴露脚本，直到你发现回避冲动有所减少。

想象暴露监测图

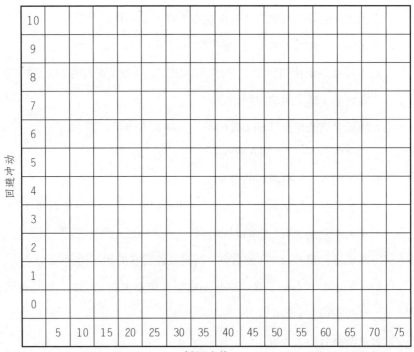

重复接触脚本，直到那些图像或想法不再引发明显的回避驱动。

案例　让我们看一下杰森的情况，他的妹妹最近去世了。他是一个非常虔诚的人，正经历着亵渎性的执念，如"上帝不关心""上帝是残忍的"。当有这些想法时，杰森感到内疚和羞愧。他花了几个小时的时间祈祷，以证明他的信仰，并以此来转移注意力。杰森担心自己的孤独，担心自己会冒犯或失去与上帝的联系。他的脚本是对这两种恐惧的一种暴露。

> 我走在大街上，四处游荡，感到强烈的空虚感。感觉上帝已经离开了我。他不再保护我了。我很伤心，感觉被抛弃了，为他没有守护我而不安。没有人在照着我。我一直在街上走着，感觉胸口有一种强烈的空虚感和疼痛感，孤独感胜过我的存在。我在街上走的时候悄悄地哭，没有人注意到什么。当我行走时，我看到许多无家可归的人，闻到难闻的气味，看着人们开着自命不凡的汽车匆匆而过。
>
> 每个人都在做自己的事情，没有人关心。现在我有一个想法："上帝不关心，上帝是残酷的。"我重复了这个想法整整20次。

体感暴露　有时，习惯性寻求安全行为的触发因素是身体感觉——呼吸急促、感觉热、感觉疲惫或沉重、感觉虚弱或颤抖、感觉头重脚轻或漂浮、感觉腹部紧张，以及许多其他感觉。对于可怕的身体感觉，典型的安全行为包括转移注意力、寻求认可、检查（看它们是否还在那里）和逃避/回避。但是，这些安全行为的结果是更多的痛苦感觉和一种限制性的生活，在这种生活中，你避免任何与这些身体感觉有关的东西。

对于这种类型的暴露，你需要确定那些与你的焦虑发作有关的具体身体感觉。然后做两件事：

1.想一想作为你日常生活一部分的常规身体活动，这些活动可能会触发其中的一些身体感觉。

2.练习模仿或激活该特定身体感觉的内感练习。

以下是最常见的内感练习，你可以从以下几个方面开始：屏住呼吸，呼吸非常急促，快速吞咽，在同一个地方上蹿下跳，用吸管呼吸，盯着镜子看，快速喝水，跑上跑下，盯着灯看，闻到强烈的气味，脖子上的围巾戴得有点紧，把头从一边摇到另一边，长时间拉伸肌肉使你体验到刺痛的感觉，或者用书本压着肚子做腹部运动。

试试上述每项练习，看看哪些练习会激活痛苦和回避。然后在下面的"体感暴露表"上列出那些会激活的练习。这些是你害怕和回避的体感体验，现在是时候对这些恐惧的感觉进行暴露。对于每一次尝试，尽量在焦虑或不舒服的感觉出现后，继续保持这种体验至少一分钟。然后根据想要逃避的冲动，给这次体验从0到10打分。对于特定的内感受体验，不断地重复暴露，直到避免的冲动为3或以下，然后继续针对另一种你害怕的感觉做暴露练习。

体感暴露表

内感受体验	练习（评分1—10）									
	1	2	3	4	5	6	7	8	9	10
1										
2										
3										
4										
5										
6										
7										
8										
9										
10										

对你的暴露练习的建议

从一项对你真正重要的、全心投入的并愿意面对伴随而来的所有焦虑和不适的活动开始你的以价值观为导向的暴露练习。如果暴露练习变得过于具有挑战性以至于无法忍受，你随时可以调整它并做一些改变。你可以减少时间，增加间隔时间，或者先使用想象暴露。为了最大化你的暴露效果，请记住以下原则。

不要通过转移自己的注意力、进行放松练习、做平静的心理仪式或任何其他形式的应对措施来逃避。在面对诱发情况时，你可能会有转移注意力、逃避或尽量减少反应的冲动，这是很自然的。然而，为了将自己从这些恐惧、担忧、焦虑和执念中完全解放出来，重要的是你要完全按照自己所经历的来对待这些恐惧的情况。

随着感觉变化，继续做你的暴露练习。所有的焦虑、恐惧、不适和苦恼的感觉都会随着你的暴露练习而上升、下降，或者趋于平稳。这是很自然的。在练习暴露练习时，就像做任何我们关心的事情一样——从烹饪我们最喜欢的食谱到养育我们的孩子，从申请我们梦想的工作到去约会——我们的情绪会在各个方向上波动。不要指望你的焦虑总是能减轻。

记住你的身体、思想和情绪都有自己的节奏。你无法真正控制你的感受，但你可以选择如何回应你的感受。

当感到情绪压抑时，使用接受提示。接受提示是一个简短的、温和的提醒，提醒你可以接受你的焦虑情绪并不予理会。观察一次压抑的经历，然后放手，这对于使痛苦的感觉更快消退极为有效。下面是一些接受提示的样本。

◎我可以允许并为之腾出空间。

◎我愿意有这种感觉，所以我可以……（你基于价值观的
　行动）。

◎我想在此刻尽我所能，驾驭这股情绪浪潮。

◎我想尽我所能，让这种想法或执念来去自如。

◎与这波情绪浪潮作斗争会使情况更糟。

◎我打算对此事不予追究。

◎我想不争不抢地渡过这一关。

◎我可以接受我感觉到的（情绪）。

在做暴露练习时要有好奇心。好奇心不是一个技术原则，而是一个态度和方法的问题。保有好奇的态度是一种不拘泥于任何特定结果的态度。这种好奇心意味着，在做暴露练习时，你对出现的东西、出现的方式以及出现的频率持开放态度并感兴趣。毋须思考，我不可能有这种感觉或感受，而是饶有兴趣地观察你所经历的一切。

按照这些提示来做以你的价值观为导向的暴露练习——并接近那些令人恐惧的想法、感受、物体、情境和人——将帮助你最大限度地发挥你所迈出的每一步、你所付出的每一份努力，以及你为构建自己应得的完整和有意义的生活所展现出的勇气！

增加你的内在安全的过程

虽然反应预防和暴露练习可以帮助你从习惯性的寻求安全的行为中解放出来，但以下的改变过程可以帮助你增加内在的安全。

观察你基于恐惧的反应

在接下来的一周里，每天用15或20分钟的时间来观察你可能经历的任何基于恐惧的反应。以下是观察所有可能出现的担忧、焦虑、执念和恐惧时要遵循的关键原则。

观察。观察基于恐惧的反应，就像你近距离观察它一样。

标签。给你正在经历的基于恐惧的反应起个名字。

不要评判它。试着接受每一个基于恐惧的反应的本来面目：你天生所拥有的许多情绪中的一种和你一生中会有的众多情绪中的一种。

不要阻止或抵制它。不要试图转移自己的注意力，为自己辩解，或推开这些基于恐惧的反应。

不要放大、坚持或分析它。你的任务是当恐惧出现时，观察基于它的反应，而不是去理解它，使其合理化，或解释它。

进行不确定性的训练

每个人都想知道未来，试图通过弄清楚在任何特定情况下会发生什么来消除不确定性。但大多数时候，生活仍然是不确定和不可预测的，它不会有一个一目了然的剧本来说明接下来会发生什么。因此，拥抱不确定性，接受你所做的每一个选择所带来的风险，是你可以练习、体验和成长的另一项技能。

这里有一些练习，供你练习。

1. 去一家餐馆，尝试新的菜肴。

2. 穿上一件很久没有穿的新颜色的衣服。

3. 采访一个与你持有不同的政治观点的人。

4. 洗个冷水澡。

5. 改变上班路线。

6. 尝试一个新的发型。

7. 喝一种新口味的茶。

8. 练习作决定——尤其是那些你对结果没有明确预期的小决定，但你要事先决定接受任何发生的结果。

上面的建议可能看起来有点平凡，但实际情况是：带着好奇心、实验性和开放性去尝试每一项活动，看看它让你感觉如何，听起来如何，看起来如何，将帮助你锻炼在不知不觉中生活的能力。关键是要允许任何经历出现，而不抗拒或预测它可能是什么。这就是拥抱不确定性的艺术。

总结

在本章中，你了解了6种具体的寻求安全的行为——转移注意力、拖延、过度准备、寻求认可、检查和逃避 / 回避，以及它们如何影响你的日常生活。你还学会了如何通过使用反应预防来减少这些行为，以及如何通过以价值观为导向的暴露练习，找到勇气来面对驱动它们的所有担忧、恐惧和焦虑。

从这里开始，回到评估章节，看看你在《综合应对量表》（CCI-55）上的下一个最高分数。这将告诉你接下来要从哪一章着手。

3

激情：
从情绪驱动行为到
价值驱动选择

因为在《综合应对量表》（CCI-55）第3部分"情绪驱动行为"中得分很高，所以你可以根据本章内容来进行改善。情绪不佳时，你往往会无意识地延长痛苦，让情况更糟糕。本章将帮助你了解情绪驱动行为，并学会灵活应对悲伤、愤怒或恐惧的情绪。

什么是情绪驱动行为？

充满激情的人往往情绪十分浓烈，无论这种感受是积极的，如爱和快乐，还是消极的，如愤怒和悲伤。当人们不假思索、习惯性地将许多负面情绪付诸行动时，即出现情绪驱动行为时，就会出现麻烦。沮丧情绪会促使你一再拒绝交流、退缩不前。无论是在家里、学校还是工作场合，无论与朋友还是家人相处，你都会变得不活跃、无动于衷。你不会参与周围的事情，懒得外出，也不主动与人交谈。这很容易陷入恶性循环，你越是封闭和退缩自己，就越会感到沮丧。

如果你总是感到愤怒，这种情绪会促使你表现得很有攻击性。你会很快地做出反击，不愿宽容。面对情况延误、能力不足或不便时，你会下意识大发雷霆，一触即发。发泄怒气有助于缓解情绪是一种普遍的误解，一再泄愤只会火上浇油。

焦虑会驱使你回避某些人、某些情况、特定的经历或事物。例如，你可能会找尽借口，避免与老板或岳父相处；你可能会避免在公共场合发言、开车去以前没有去过的地方、晚上在高速公路上或城市某些地方开车；你可能总是避免高处、电梯或狭小、封闭的空间。不幸的是，回避只会加剧焦虑，不会改善现状。

困扰于内疚和羞耻会驱使你躲藏、攻击或进行防御。你可能试图避免引起他人注意，躲在生活的边缘和阴影中。一旦被发现犯下小错或与他人意见不合，你可能会大发雷霆或过度防卫，抛出一连串的解释和借口来粉饰错误，事后你很可能会感到更加内疚和羞愧。

许多人没有意识到情绪不是一种稳定的状态。情绪一波接一波，通常5分钟左右就会过去。这意味着如果感到痛苦时不采取行动，等待片刻，痛苦的感觉便会消退，很快你就会感觉好一些。但如果你屈服于冲动，立即采取激进的行动或回避令人恐惧的情况，最终往往会延续不良情绪。情绪驱动行为让你无法安然渡过难关，反而加剧愤怒、悲伤、羞愧和恐惧，延长痛苦。

从长远来看，情绪驱动行为会损害你的个人和工作关系。例如，当宝拉对她的哥哥生气时，她的第一反应是骂他，数落他所有的缺点和过失，直到把他赶出她的公寓。她最终把他永远地赶走了，使自己失去了唯一愿意支持她的亲戚。

情绪驱动行为也使你很难按照你的价值观生活。乔治认为信守承诺、公平待人和支持家庭对他来说是很重要的。但是，当乔治对他的工作表现感到焦虑时，他就会请病假，导致他最终因旷工被解雇。他为未能实现自己的价值观和让他人失望而感到极度内疚。

减少情绪驱动行为的过程

本节中的练习将教你如何：

◎觉察到你的情绪波动和你的"行为冲动";

◎审视你的情绪驱动行为背后的"情绪表达";

◎制订一个计划,做与你的情绪驱动行为相反的事情;

◎反其道而行之;

◎练习行为延迟;

◎利用视觉化来考虑理想的自我会怎么做。

视觉化和观察你的情绪

在这个视觉化练习中,你将重温过去的情绪困扰,观察情绪的组成部分,特别注意与情绪相关的"行为冲动"。从你过去的情况中选择一个你感到非常愤怒、悲伤、羞愧、恐惧或焦虑的情况。最好边听以下指示边做记录,在每一段之后停顿一下,以便有时间观察和描述你的经历。

找一个安静的地方进行练习,以免自己受到打扰。坐或躺在一个舒适的位置上,闭上眼睛。做几次深呼吸,专注于空气进入和排出你的肺部的感觉。

想象你所选择的场景的细节,观察出现的困难情绪。注意到这种感觉,并将注意力集中在它身上,直到脑海中浮现出一个词或短语来标示这种情绪。就对自己说:"现在我感到……"注意这种情绪有多强烈,用0到10的等级来评价它。

用慢动作重新回放这个场景,注意情绪的波浪式发展。观察不良情绪从最轻微的不舒服和不安开始,然后像波浪一样不断增长和加剧。注意这种感觉的波浪如何发展到痛苦的顶点,也就是愤怒、恐惧或悲伤的顶点,让你觉得你必须要做点什么。

要特别注意行为冲动。当痛苦的感觉最强烈时,你想做什么?

准确地指出选择的时刻，当痛苦达到顶峰，你最想尖叫、哭泣、打东西、逃跑或躲起来。你会如何将这种行为冲动转化为语言？告诉自己："我想＿＿＿＿＿＿"

现在，想象一下你没有采取这个行动。想象一下，你感受到了想要行动的冲动，但你决定不为所动。感觉到冲动而不采取行动是什么感觉？

如果出现想法，特别是评判性的想法，就对自己说："现在我有＿＿＿＿＿＿

（愤怒、悲伤或焦虑）的想法，或者现在我对＿＿＿＿＿＿（自己或我的情绪）有一些看法。"只需给这个想法贴上标签，然后放过它。

在你过去使用情绪驱动行为的其他场景重复这种视觉化。每一次，都把注意力集中在感受上，它们出现，达到顶峰，并由此产生的行为冲动。命名你的情绪，并描述你在选择的时刻想要做什么。

当丽尔做这个练习时，她想象着她的大学室友为她组织了一个惊喜派对的情景。她看到自己进入宿舍，看到五六个人挤在那里，听到她们大喊："惊喜！"她感到自己的羞耻和尴尬在那一刻被触发了。在众人面前的曝光、过多的关注和他人的评判如同火焰般开始螺旋式上升，她的脸红了，双手紧紧捂住脸。她清楚地记得自己越来越想逃离的冲动，于是转身就跑出房间。

详细地描述情绪驱动行为

为了改变情绪驱动行为，你需要审视你的情绪表达：传达你的感受的语言、手势、姿势、面部表情和语调。情绪表达是你所接触的东西，或拿起或放下的东西，你如何保持身体姿势，你看或不看的地方，你说或不说的东西，你选择的词语，你的语气，等等。

你可能会惊讶地发现，语言在表达情绪时发挥的作用相对较小。你的意图大约只有40%是由选择的词语传达的，而剩下的60%则是通过身体语言、面部表情、语境和语气来传达的。这就是为什么电子邮件经常被误解——它们完全由文字组成，没有身体语言和语气，而身体语言和语气是人们沟通的重要内容。

情感表达在两个方面发挥作用：向外指向你的听众，向内指向你自己。除了向他人传达信息外，你的肢体语言和语气也在告诉自己感觉如何。因此，你的语气、姿势和手势就形成了一个反馈回路，强化了抑郁、焦虑、羞愧和其他情绪状态。因此，当你感到伤心时，说"我很伤心"只是表达情绪的一部分。其余的部分体现在你平静的语气、耷拉的眼睛、低垂的肩膀、耸肩和作苦相上。当你感觉到自己的姿势和听到自己的声音时，你会想"哇，我情绪真的很低落。我太沮丧了"，这就进一步加深了你的抑郁情绪。

当一个人生气并表现出来时，让人害怕的并不是那些侮辱和诅咒，而是大喊大叫，举起的拳头，紧锁的眉头，涨红的脸等。而所有这些非语言线索也在告诉愤怒的人"天啊，看看我有多生气，我真的很生气"。这加剧和延长了愤怒的程度。

如果你对酒店的高楼层感到焦虑，你可能会告诉为你提供三十五楼房间的服务员："我不想要三十五楼。"这句话本身很中性，不带感情色彩，但你的紧张会通过颤抖的声音、睁大的眼睛、向上的目光、将手肘拉近到身体两侧，以及你肩膀的轻微保护性的驼背传递出来。当这些身体上的线索反馈给你时，你会告诉自己，"看看我，一想到三十五楼就有多害怕"，你的恐惧会因此增加。

内疚或羞愧可能导致购物者脱口而出"对不起"，然后什么都不买就离开商店。同样，这些话本身很常见，在闲谈中几乎没有意义。然而，店员通过与皱眉头不相称的讨好性微笑、搓双手、低沉的声音或抽泣的腔调、转身离去和突然离开，发现购物者的羞愧和歉意。这些情绪表达也会告诉购物者："哦，我很惭愧，我甚至不能像一个正常人。"

下面的情绪表达工作表将帮助你探索在具有挑战性的情况下，你会怎么做，这些情况往往会激起情绪驱动行为。它将情绪表达分解成四个关键部分：行动和语言（你说的话）、姿势和手势、面部表情和语气。使用该工作表，详细分析你在经历痛苦感受的三或四种情况下的情绪表达。当考虑分析哪些困难的情况时，请选择在你的生活中经常发生的情况，这些情况会导致对你有负面影响的情绪驱动行为，而且是在你可以计划的情况下，可预测地发生。

情绪表达工作表

场景	情绪	行动和语言	姿势和手势	面部表情	语气

案例 以下是凯西如何填写她的工作表。

场景	情绪	行动和语言	姿势和手势	面部表情	语气
儿子的房间很乱	愤怒	抓住他,摇晃他的肩膀,说:"看看这一团糟!"	高高在上	皱眉、紧缩下巴和嘴绷紧	大喊大叫,听起来很凶
在会议上作口头报告	害怕	低头看文件,呼吸快而浅	垂头丧气地坐在椅子上	垂下眼帘,满脸歉意	轻柔、颤抖
杰克说:"我们去跑步吧。"	悲伤、无精打采、绝望	撒谎说我不能去,因为我太累了或太忙了	肩部下垂,摇头,耸肩	面带歉意地微笑,揉闭上的眼睛	轻柔、疲惫
这周没有去看望父亲	内疚、羞愧	避免想这件事,保持忙碌,东奔西跑	紧张、激动	皱着眉头,畏畏缩缩	沉默(不谈论与爸爸有关的话题或不给他打电话)

反其道而行之

现在你已经把一些典型的反应分解成具体的细节,这个练习将帮助你计划如何采取相反行为的具体细节。同样,你可能想下载并打印一份工作表,以便在未来的情况下采取相反的做法。在"之前"栏中,写下你在情绪表达工作表中为每种情况所写的细节。在"现在"一栏中,写下你计划实施的新的、相反的行动和语言、姿势和手势、面部表情和语气。

反其道而行之工作表

场景1:		
	之前	**现在**
行动和语言		
姿势和手势		

续表

	之前	现在
面部表情		
语气		

场景2：

	之前	现在
行动和语言		
姿势和手势		
面部表情		
语气		

场景3：

	之前	现在
行动和语言		
姿势和手势		
面部表情		
语气		

场景4：

	之前	现在
行动和语言		
姿势和手势		
面部表情		
语气		

以下是凯西的计划：

场景1：儿子的房间很乱。

	之前	现在
行动和语言	抓住他，摇晃他的肩膀，说："看看这一团糟！"	退后一步，双手插兜，问道："你喜欢这样吗？"
姿势和手势	高高在上	靠着门口或者墙壁
面部表情	皱眉、紧缩下巴和嘴绷紧	微笑
语气	大喊大叫，听起来很凶	轻柔，带着好奇

场景2：在会议上作口头报告。

	之前	现在
行动和语言	低头看文件，呼吸快而浅	深吸一口气，抬起头来，并进行眼神交流
姿势和手势	垂头丧气地坐在椅子上	坐直，身体前倾
面部表情	垂下眼帘，满脸歉意	面带微笑
语气	轻柔、颤抖	大声、自信地讲话

场景3：杰克说："我们去跑步吧。"

	之前	现在
行动和语言	撒谎说我不能去，因为我太累了或太忙了	马上站起来，说："好主意！"
姿势和手势	肩部下垂，摇头，耸肩	肩部向后，点头同意
面部表情	面带歉意地微笑，揉闭上的眼睛	咧开嘴角笑，眼睛睁大
语气	轻柔、疲惫	活力满满而热情

场景4：这周没有去看望父亲。

	之前	现在
行动和语言	避免想这件事，保持忙碌，东奔西跑	停下正在做的事情，掏出手机打电话，告诉爸爸我什么时候去看他

续表

	之前	现在
姿势和手势	紧张、激动	坐下、放松
面部表情	皱着眉头，畏畏缩缩	面带微笑
语气	沉默（不谈论与爸爸有关的话题或不给他打电话）	充满温暖与爱意

反其道而行之

现在是最难的部分：真正做到反其道而行之。不妨从最容易、威胁最小的情况开始，然后承诺在特定情况下与特定的人做相反的事。随着情况的发展，你感到熟悉的焦虑、悲伤等情绪时，请牢记你的计划。按照之前规划的行动步骤行事，说出你想说的话，采用你预想的姿势和手势，努力调整面部表情，并确保你的语气与你的新行为相匹配。之后，带着这些问题回顾这次经历，

1. 你做得怎么样？对自己好一点，毕竟你不可能第一次就做得完美无缺。

2. 更重要的是，你的感觉如何？你平时的感觉是否有所减少或有任何变化？在那种情境下，你是否体验到了任何新的情绪？

3. 你从中学到了什么，可以帮助你下次做得更好？将这些新想法纳入你的计划。

利用最后一个问题来改进和完善你的计划，以便更好地应对未来可能出现的类似情况。如果你在采取相反的行为时感到力不从心，这里有一些提示，可能会有所帮助。

◎选择一个比较容易的人或情况开始。

◎设置提醒，确保自己不会忘记践行承诺。

◎与关心你的人分享你的计划和你的决心。

◎先从计划的一部分做起，然后逐渐增加。

通过你上面探讨的所有情况，从最容易到最难。在每一种情况下，做相反的事情，评估你的结果，并根据实际情况调整计划。坚持下去，直到你在上面描述的所有问题情况下都成功地反其道而行之。到了这个阶段，你已经积累了足够的经验，可以将这一技能纳入你的日常生活中。你可能想继续分析你以前的反应，并制订出做相反事情的计划，或者你会发现这项技能开始变得更加自然。

前面的练习大多借鉴了你以前的生活经验。本节更多关注的是未来。展望未来，当新的压力情况出现时，你将如何应对？你将如何处理痛苦的感受和行为冲动？

练习行为上的延迟

很多时候，对压力情况的最佳即时反应是暂停。暂时什么都不做。这可以利用情绪的短暂性，给坏情绪以消退的时间。它还可以削弱情绪驱动行为的自动性和反射性。这些指示非常简单，比建议愤怒的人从1数到10的民间智慧要略有效一点。在任何强烈情绪和行为冲动的时刻：

◎从心理上退后一步，远离这种情况；

◎观察正在发生的事情，你的想法，你的感觉，以及你的行为冲动；

◎为你的情绪和行为冲动命名；

◎做10次深呼吸，专注于你的呼吸，而不是你的想法和感受；

◎问问你的内心："我的理想自我此时会做什么？"

◎选择你的反应——最明智的、最好的你会怎么做。

想象你的理想自我

　　这个视觉化练习发展了你对理想自我的感觉——如果你能在任何情绪风暴中使自己平静下来，并根据你最珍视的价值观明智地行事，你会是谁，你会如何行动。最好边听以下指示边做记录，在每一段之后停顿一下，以便有时间观察和描述你自己的经历。

　　　　找一个安静的地方进行练习，以免自己受到打扰。坐或躺在一个舒适的位置上，闭上眼睛。做几次深呼吸，专注于空气进入和排出你的肺部的感觉。

　　　　想象一下你在不久的将来可能遇到的场景，一些容易使你最糟糕的感觉出现，困扰你的情况。花几分钟时间详细描述这个场景，包括谁在那里，他们做什么和说什么，以及景象、声音、气味和质地。尽可能让它真实。

　　　　与本章前面的视觉化不同，不要努力去实际感受当时的情绪。保持某种程度的超然，在场景中观察自己，而不是试图重新体验所有的感觉。

　　　　从更超脱的角度描述你的情绪和行为冲动，使用第三人称，就像正在看一部电影。例如："她很害怕，她想离开"或者"他真的很生气，他想大喊大叫，打碎什么东西"。

　　　　想象一下，你正在观察理想中的自己，那个年龄稍长、更睿智、更平静的自己。这个版本的自己可以耐心地等待强烈的情绪消退，抵制行为冲动，采取相反的行为。这个版本的你可以把眼光放得更长远，即使面对压力也能按照价值观行事。

　　　　用第三人称描述理想的自我感受、想做的事和所做的事。例如，你可以说"她很害怕，她想离开，但是她却走到教室前排坐下"，或者你可以说"他真的很生气，他想大喊大叫，打碎什么东西，但他却坐下来以平静的口吻问了一个问题"。

用几句话描述你理想中的自己在这个场景中的价值、力量或美德，就像描述电影或小说中的主人公一样。你可以说"她很勇敢，她很坚强，她有学习的决心"，或者，"他很理性，很有控制力，很有同情心"。

当你准备好后，回想一下你的实际情况，睁开眼睛，带着对理想自己的更清晰的认识继续你的一天。

每当面临一个情绪化或其他对你未来生活方式构成挑战的情境时，你都可以随时重复这个可视化练习。

增加以价值观为导向的选择的过程

如果你在将上述改变过程付诸实践时遇到困难，不妨思考一下将情绪驱动行为转变为价值驱动选择所带来的三重好处。首先，克服痛苦的感觉，做与你通常的情绪驱动行为相反的事情，会让你洞悉一个关于痛苦的宝贵秘密：它们既不是永久的，也不是致命的。所有的感觉都会经历一个高潮，然后逐渐消退，最终消失，让你在经历这一切后，内心更加平静，充满活力。其次采取与你的感觉相反的行为会给你一种掌控感——一种你更有控制力的感觉。最后，它将允许你更充分地投入到生活中去，根据自己的价值观而不是恐惧和疑虑来生活。

检查个人收获

让我们来看看你学到的改变过程之一：反其道而行之。为了强调反其道而行之的好处，请考虑你在本章中所处理的每一种情况，并列出你希望获得的好处。你可能想把空白工作表复印几份，以便在不同情境下使用，或者你也可以在另一张纸上逐一列出这些好处。

反其道而行之的好处

与配偶或伴侣的关系：

与朋友和家人的关系：

工作或者学校：

经济状况：

生活状况：

有更多时间、精力或机会做：

安全与保障：

长期目标：

如果你还没有开始采取相反的行为，现在是时候作出书面承诺了。在你的清单上选一个威胁最小的情况，准确地写下你将在何时、何地、与谁一起采取截然相反的行为，然后履行你的承诺。

我什么时候做；

我在哪里做；

我和谁一起做。

在不同的情况下反其道而行之

当感到焦虑时，改变情绪驱动行为是一个转机，即转向和接近你通常会拒绝和逃避的东西。例如，在会议的午餐时间，你不是溜走去独自安静地吃午餐，而是接受同事的邀请去餐厅吃饭，一旦到了那里，你就会积极地参与聊天。

如果感到沮丧，你通常会把当天的邮件扔在餐厅的桌子上，在那里堆积几个星期，相反，你要做的是：立即打开邮件，分类，支付账单，删除垃圾文件等。每天坚持收信，除了鲜花，让餐桌上保持空无一物。

对于愤怒，反其道而行之，需要改变你平时的手势、语气，以及你对挑衅的反应速度。如果你通常会对你父亲的政治观点进行讽刺性的打断，升级为大声骂人和拍打桌子，那么你要带有敬意地听，直到你父亲说完。然后把你的手放在膝盖上，用平静的语气问一个中立的问题，例如，"这是个有趣的观点。你是如何得出这个结论的？"

如果感到羞愧和内疚，你可能会低着头，耷拉着肩膀进入家庭聚会，然后溜到角落里的一个座位上，不与房间里的其他人进行眼神交流或打招呼。相反，你可以抬头挺胸，轻快地走进房间，大步走到你姑姑面前，热情地问候她，并给她一个大大的拥抱。

随着时间的推移保持变化

要养成与你的情绪驱动行为相反的习惯，通常需要2到6个月的时间。当练习这些强大的技巧时，你会经历令人惊讶的成功，也会遭遇偶尔的挫折，甚至可能会有一段时间看似停滞不前，没有变化。但随着时间的推移，你会对旧的痛苦情绪产生新的反应习惯，这些习惯会减轻那些痛苦，并让它们转瞬即逝。

最终，感觉到难受将成为你自动采取相反行动的信号。你将能够持续地作出以价值观为导向的选择，你会下意识地作出反应——接受以前压倒性的情绪，并允许它们产生、消退，而不会扰乱你的生活或控制你的行为。

总结

在本章中，你已经学会了减少你的情绪驱动行为，用更符合你的价值观的行动来应对具有挑战性的情况和感受。这将使你更容易热情地关注你的长期目标，而不是被一时的感觉推离正道。

从这里开始，回到评估章节，看看你在《综合应对量表》(CCI-55)上的下一个最高分数。这将告诉你下一步要从哪一章着手。

4

韧性：

从痛苦不耐受到

接受痛苦

你之所以阅读这一章，是因为你在《综合应对量表》（CCI-55）的第4部分"痛苦不耐受"中得分很高。你经常被自己强烈的感受所淹没。

许多人都在与压倒性的情绪作斗争。紧张的触发事件往往会引发强烈的情绪反应，使他们感到被围困和情绪不稳定。频繁的、压倒性的情绪的一个主要原因是一种叫作痛苦不耐受的脆弱性。简单地说，痛苦不耐受是指不愿意面对和处理痛苦的经历——发生在你身上或体内的事情，如痛苦的情绪或感觉。

在"痛苦不耐受"部分的高分表明，这种脆弱性很可能使你难以面对痛苦的经历，导致压倒性的情绪反应。痛苦的事件会导致强烈的情绪和生理反应，这反过来又会产生情绪驱动行为，使事情变得更糟。提高对痛苦的耐受力，可以减少强烈的情绪反应，并更好地控制可能破坏你生活的情绪驱动的冲动。本章将向你传授一些技巧，让你在面对压力经历时能有更强的承受力和接受力，从而保护你不被情绪压垮。

什么是痛苦不耐受？

痛苦不耐受指的是：（1）认为自己无法面对或处理压力事件或由此产生的情绪／感觉；（2）不接受外部或内部的痛苦经历，并坚持认为它们会（尽管往往不可能）停止；（3）缺乏应对技能来驾驭情绪反应的起伏。

当然，痛苦耐受的情况正好相反：（1）你相信自己拥有面对压力事件、情绪和感觉的弹性；（2）当痛苦的经历出现时，你接受它，并愿意驾驭它；（3）你对自己的应对技能充满信心。

在本章中，你将学习的这套痛苦耐受技能源自辩证行为疗法，这是由马莎·莱恩汉（1993）研发的一种治疗方法。多项研究提供了强有力的证据，证明学习痛苦耐受（弹性）技能可以减少干扰性情绪和问题性情绪驱动行为（攻击、退缩、回避）的频率和强度。换句话说，更高的痛苦容忍度创造了更大的情绪和行为稳定性。

你还将学会提高对外部压力和内部情绪和身体反应（称为私人事件）的接受程度的过程，这是由海斯、斯特罗萨尔和威尔森（1999）研发的，作为接纳承诺疗法的组成部分。多项研究已经证明了它们在减少情绪困扰和增加行为灵活性（摆脱情绪驱动行为）方面的功效。

提高痛苦耐受有三个结果：（1）在面对负面事件时拥有更强的复原力。（2）学会驾驭由此产生的悲伤、恐惧或愤怒的情绪波动，而不被淹没或情绪失控。（3）大大减少破坏人际关系和使生活更加痛苦的攻击性、回避和退缩行为。然后，你将获得一种自信，相信自己有能力选择更有效的反应来应对情绪高涨，以取代情绪驱动行为。

减少痛苦不耐受的过程

在本节中，你将学习几种减少痛苦不耐受的策略。一旦找到最有效的策略，你会发现它们对处理日常困扰以及更多偶然的挑战性情况都有极大的帮助。

放手技巧

痛苦耐受始于学习如何中断痛苦的情绪反应。放手技巧是一种非常有效的策略，源于一种叫作眼动脱敏再处理疗法（EMDR）的方法。该技术涉及双边刺激（眼球左右移动，先拍打一个膝盖然后再拍打另一个，或先拍打一个肩膀然后再拍打另一个），其效果是破坏携带消极思想和情绪的神经通路。它的结果是，当你感到痛苦时，那些冲击你的感觉和想法的意识就会减弱。这个过程很简单。

◎每当感到情绪低落时，觉察当下任何令人不安的想法。观察伴随这些想法的任何感觉。然后做一轮双边刺激。例如，在房间的各个角落之间来回移动你的眼球。或拍打一个膝盖或肩膀，然后再拍另一个。重复25次。

◎完成眼球运动或拍打后，观察一下你的痛苦程度。如果仍然很高，就重复这个步骤。这种"放手技巧"与剂量有关——做得越多，就越能感觉到从不安的想法和感觉中解脱。

◎每当痛苦的想法或感觉威胁到你的情绪稳定时，就重复这个过程。做眼球运动或拍打25次。提醒自己，疼痛是暂时的，你有技能和资源来驾驭它。

◎等待。情绪持续的长度平均为1～7分钟。你可以驾驭情绪的波动，直到攻击性的想法和痛苦的感觉渐渐消退。吸一口气，做双边刺激，等待缓解慢慢来临。

横膈膜呼吸法

当你心烦意乱时，呼吸会变得急促气短。通过有意识地放慢呼吸，把空气吸入腹部深处，向身体发出信息：一切都很好，没有必要惊慌或不安。

横膈膜呼吸法很简单，但其缓解压力的效果却很显著。横膈膜是在肺部下面的一片宽大而结实的肌肉。当你吸气时，横膈膜向下移动，推动胃，把空气吸入肺部。当你呼气时，横膈膜向上移动，将空气从肺部排出。以下是关于如何练习横膈膜呼吸的详细说明。

> 找一个安静的地方，5分钟内无人打扰。坐直身体，将一只手放在腹部。闭上眼睛，用鼻子缓慢地深吸一口气。感受一下你的肚子是如何推着你的手的。然后用嘴慢慢呼气，注意你的手如何向内移动。继续缓慢而深沉地吸气和呼气，感受你的手在每次随着呼吸时向外和向内移动。
>
> 注意每次吸气如何像气球一样扩张你的腹部。还要注意，当你继续这样呼吸时，身体如何感觉越来越放松。试着将注意力集中在你的呼吸上。如果你的思绪飘忽不定，你可以尝试在每次呼吸时数数，以使注意力集中在呼吸上。吸气时慢慢数到4，然后呼气时再慢慢数到4。

每天练习横膈膜呼吸两次，每次5分钟，或者在你觉得需要放松的时候练习。

身体觉知法

这个练习的放松效果基于：当你的所有肌肉都处于放松状态时，你就不会感到紧张和不安。

找一个安静的地方，躺下，不被打扰。仰卧，双腿不交叉，双手放在身体两侧。闭上眼睛。长时间缓慢地呼吸，把注意力放在脚上。觉察到在脚上感受到的任何紧张。对自己说"冷静""放松""宁静""轻松"，或选择其他的提示词。当你说这个提示词时，想象一切紧张都从脚上溜走。

接下来，把注意力移到小腿和胫骨。觉察小腿的任何紧张，然后说提示词。当你对自己说这个词的时候，想象一切紧张都从你的小腿和胫骨排出。

接下来，对你的上肢做同样的事情——大腿上的大块肌肉。继续将放松的注意力转移到身体上：到臀部—腹部—胸部—背部—肩部。对于身体的每个区域，觉察到任何紧张，说出提示词，让紧张感消失。

接下来，对你的手做同样的动作，然后是前臂、上臂、脖子，最后是头，在每种情况下，觉察到任何紧张，用提示词来消除紧张。当你以这种方式扫描了整个身体，将大大减少整体肌肉紧张，极大地放松身体。

一周内每天练习一到两次这个练习，会让你非常了解身体什么部位紧张，使你更好地放松。

提示词控制放松法

一旦你在身体觉知法中获得了一些经验和技巧，你就可以随时随地使用提示词进行快速放松。

吸气。闭上眼睛几秒钟，扫描整个身体是否有紧张感。注意肌肉哪里紧张，然后对自己说"放松，冷静"，或任何你喜欢的提示词，当呼气时，让你的整个身体放松。重复五次，感知肌肉的放松和不断增长的放松感。让整个身体随着每次呼吸而放松。

在任何你害怕失控和需要立刻缓解的压力时刻，使用提示词控制放松法。

安全岛想象法

这个练习利用了这样一个事实：你的身心对想象中的平静的场景的反应几乎和对真实地点的反应一样强烈。想一想一个让你感到安全和快乐的地方，无论是真实的还是想象的。它可以是你童年的某个地方，一个度假胜地，一座教堂或寺庙，一本书或一部电影中的场景，甚至是一个历史背景——绝对是你喜欢的地方。如果能记住下面的指示，就闭上眼睛，把它们转述给自己听。或者，你可以用平静舒缓的声音记录下这些指示，然后回放，直到练习了几次这种技巧，熟悉了这个过程。

找一个安静的地方，20分钟内无人打扰。坐在一张舒适的椅子上，双脚平放在地板上，双臂放松放在腿上或椅子的扶手上。闭上眼睛，深吸一口气，用鼻子吸气。屏住呼吸5秒钟，然后慢慢呼出。再做一次深呼吸，保持5秒钟，再一次慢慢释放。继续缓慢地深呼吸，不用数数或屏住呼吸。

想象一下，你正在进入你的安全岛。先用视觉，想象看到这个地方的形状和颜色。填入细节。那里有什么人或动物吗？观察他们在做什么。如果安全岛在室内，注意墙壁和家具是什么样子。如果是在户外，观察天空、地平线、地面，以及任何植物或水。继续观察，直到你对你的安全岛有一个清晰、生动的视觉印象。

接下来，集中注意力在听觉上。你能听到风声吗？波浪声？人们的谈话声？有音乐吗？听到任何鸟鸣或动物的声音吗？选择一些舒缓的声音。

接下来，注意你的安全岛有什么气味。也许是你童年时让你印象深刻的气味，如鲜花或新鲜出炉的面包。如果你在户外，闻一闻大海、青草，或任何围绕着你的香气。花点时间来享受这些香味。

接下来，注意能用触觉感受到什么。你是坐在还是站在你的安全岛上？有微风吹拂你的皮肤吗？它是温暖的还是凉爽的？关注一下触觉能告诉你这个地方的情况。

继续享受你的安全岛，缓慢而均匀地呼吸，觉察你所看到的、听到的、闻到的或感觉到的。意识到你是多么安全、放松和满足。这是你个人的、私人的安全场所，你可以在任何时候回到这里。每当感到悲伤、恐惧、愤怒或内疚时，就可以来这里休息一下，感受同样的放松和安全感。

再一次环顾四周，把细节固定在脑海中。现在再次把注意力集中在呼吸上。觉得准备好了，就睁开眼睛，让注意力回到四周。

每当你需要一个舒缓的小假期时，就可以做这个练习。一旦你非常熟悉自己的安全岛，你可以在任何繁忙的一天中闭上眼睛几秒钟，短暂地想象你的安全岛，感到更加平静和放松。

自我疗愈法

下面，你会发现由五种感官组织的舒缓活动：触觉、视觉、嗅觉、味觉和听觉。所有这些活动都是为了给你片刻的安宁。但对谁，什么东西最令人舒缓，因人而异。看一下以下列表，选择有可能抚慰你的活动，同时也要愿意尝试新的活动，看看它们的效果如何。有些人认为爵士乐或古典音乐非常放松，而其他人则认为它们使人精神振奋或躁动。如果你尝试了一项所建议的活动，但没有感觉到放松，反而让你感觉更糟糕，那就换一个活动。

用触摸进行自我抚慰。皮肤是身体的最大器官，布满了敏感神经，无论在什么情况下，你总是能触摸到什么。人们对触觉的偏好不一。在下面你愿意尝试的项目中打钩。

☐ 在钱包或储物柜中放一块柔软的天鹅绒布，一块光滑抛光的石头，或一串解忧念珠，以便需要时触摸。

☐ 洗个热水澡或凉水澡，享受水落在皮肤上的感觉。

☐ 洗个泡泡浴或用精油洗个澡。

☐ 按摩酸痛的肌肉。

☐ 和宠物玩耍。

☐ 穿着亲肤的衣服。

用视觉进行自我抚慰。人类大脑的很大一部分都用于视觉处理，使视觉成为收集世界信息的最重要感官。任何一定的视觉刺激都可以让人非常放松或非常惊恐，这取决于个人的联想。在下面你愿意尝试的项目上打钩，并考虑加入一些自己的视觉体验。

☐ 用杂志中喜欢的图片做一幅拼贴画。

☐ 将令人愉悦的照片放在钱包里或手机上，以便随时查看。

☐ 参观一些心仪的地方。去公园或博物馆，坐坐看看。

☐ 在墙上挂上艺术品。挂上漂亮又令人开心的绘画或照片。

☐ 看图画书。去书店或图书馆，找一本喜欢看的自然照片集或绘画集。

☐ 画出让你感到舒畅的图像。

☐ 携带一张你所爱的、钦佩的，或只是喜欢看的人的照片。

用嗅觉进行自我抚慰。嗅觉在唤起记忆和唤起某些感觉的能力方面非

常强大，因此，找到让你感到平静和放松的香气很重要。勾选下面任何你
愿意尝试的项目，也可以添加一些你自己的想法。

　　□燃烧芳香的蜡烛或香。

　　□涂抹古龙水、香水或让你感到自信、快乐或放松的精油。

　　□去那些有喜欢的香气的地方，如面包店、餐馆或花店。

　　□烘烤巧克力饼干或制作其他对你来说气味特别好的食物。

　　□享受户外的气味。到院子里或公园里去，享受泥土、鲜花和
　　　刚割过的草的味道。

　　□买花，或者出去走走，在社区寻找最喜欢的花。

　　□拥抱那些气味让你感觉良好的人。

　　用味觉进行自我抚慰。味觉也是唤醒记忆和感觉的强大感官，吃喜欢
的美食非常治愈。然而，如果你倾向于吃得太多、暴饮暴食、催吐或习惯
性地节食，吃则是一个问题。在这种情况下，使用其他感官进行自我抚慰。
如果吃东西对你来说没有问题，请在下面你要尝试的活动中打钩，并添加
一些你自己的想法。

　　□享受喜欢的食物或菜肴，慢慢吃，慢慢品味。

　　□心烦意乱的时候，带着最爱的食物当零食。

　　□偶尔奖励自己，如冰激凌、布丁或糖果。

　　□喝最爱的饮料，如咖啡或茶。慢慢地喝，喝的时候不要做其
　　　他事情，这样才能真正品尝到饮料的味道。

　　□吮吸冰块或冰棒儿，享受冰冷、融化的感觉。

　　□慢慢地吃一块熟而多汁的水果，享受它的甜美。

　　用听觉进行自我抚慰。某些声音可以抚慰你，让你放松。它可能是小
溪的声音，冲浪的声音，林中的风声，鸟鸣声，蟋蟀的声音，或者最喜欢
的音乐声。这里有一些关于如何用声音来治愈自己的想法。

　　□建立个治愈音乐库，可以在智能手机上随时播放，不开心的

时候就听这些音乐。

☐听有声书或有趣的播客。

☐听窗外宁静的声音。

☐创建一个包含舒缓自然声或水声的文件。

☐听白噪声机的轻轻嗖嗖声。

☐打开你的个人饮水机。

☐听录制的冥想。

分心法

当情绪困扰激增时，转移注意力是一种行之有效的策略，通过关注疼痛以外的东西来获得缓解。你可以通过以下方式转移自己的注意力。

关注他人。当情绪卷土袭来时，把注意力放在所爱的人身上，为他们做一些事情。与朋友或家人联系，看看他们怎么样？是否需要帮助。

去一个公共场所，把注意力从自己身上转移。观察那里的人，观察他们的行为，关注他们的服饰和动作的细节，注意他们的面部表情以及情绪。

转移念头。通过以下任何一种方式将注意力从痛苦的想法转移到愉快的想法上。

◎回忆过去开心的事情，留意那些快乐记忆的所有细节。

◎想象曾经去过的美丽地方——浪花拍打的海岸；高山环绕的草地。

◎幻想想去的地方或想做的事情。利用想象力，生动地构建这些场景。

◎注意周围的自然世界——鲜花、树木、风景和天空。聆听风声、昆虫声、鸟鸣声。

◎想象一下最疯狂的幻想成真。谁会出现在那里，这一切将如何展开？

◎想象一下，做一些英雄事迹，或者因为巨大的成功而受到赞扬。

离开。一个有效的转移注意力的方法是停止你正在做的事情，然后换个地方。去散步，注意光影更替，感受空气、周遭的风景和声音。走到露台或进入花园；开车到一个感觉放松和美丽的地方。

完成任务。专注于一些必要的杂事或任务，往往可以缓解令人不安的想法和感觉。洗碗、洗衣服、打扫房子的某个区域、装饰房间、支付账单、给植物浇水、做些园艺、理发、做一些好吃的和有营养的东西等等。

数数。数数是使注意力从痛苦转移的一个好方法。从呼吸开始。数每次呼吸，直到10次，然后重新开始。以10个为一组继续数，直到脑袋安静下来，不感到那么痛苦了。

你也可以数你看到的事物——路过的红色汽车或本田汽车的数量；每个街区的树木数量，有门廊的房屋数量，穿白衬衫的人数，办公室或客厅里的棕色物体的数量。

身处当下。当你的头脑被痛苦想法所灼烧时，可以在当下避难。注意所看和所听到的一切。观察身体如何与世界产生连接，以及这种感觉如何。现在有能闻到或尝到的东西吗？身体内部感受是什么样子的？

通过关注当下的感觉，可以分散自己的注意力，使自己不受攻击性思绪和澎湃的情绪的影响。如果在开车，注意轮胎和发动机的声音；注意窗外的风或空调的声音；注意车子的摇晃和颠簸。如果在一个房间里，注意空气的温度、触摸的东西、周围物体的形状和颜色、室内和室外的声音。如果在喝酒或吃饭，注意温度和味道、举起叉子或杯子的体验以及各种气味。

应对术

　　每每感到痛苦时，正是需要听到鼓励的话语的时候，但这些话不常被听到。应对术是自我鼓励的方式。它们提醒你的优势所在和你如何在过去的痛苦经历中幸存下来，并提供如何度过眼下艰难时刻的指导。下面的应对想法是人们在面对情感痛苦时如何抚慰自己的真实案例。它们提供容忍痛苦的力量和动力，有助于提高对痛苦事件的包容度。在可能对你有效的五种最佳应对想法旁边打上钩，然后把它们写在记号卡或笔记本上，以便在任何苦恼的时刻可以参考。

　　□ "这种情况不会永远持续下去。"

　　□ "我已经经历了许多其他痛苦的经历，我已经挺过来了。"

　　□ "这也会过去。"

　　□ "我的感觉让我现在很不舒服，但我可以接受它们。"

　　□ "我可以焦虑，但仍然可以处理好这种情况。"

　　□ "我足够强大，可以处理现在发生在我身上的事情。"

　　□ "这是一个机会，让我学习如何应对我的恐惧。"

　　□ "我可以渡过这个难关，不让它影响我。"

　　□ "我可以利用我现在需要的所有时间来放手和放松。"

　　□ "我以前在这样的情况下都挺过来了，这次我也会挺过来。"

　　□ "我的焦虑/恐惧/悲伤不会杀死我，它只是现在感觉不好。"

　　□ "这些只是我的感觉，最终它们会改变。"

　　□ "有时感到悲伤/焦虑/恐惧不是坏事。"

　　□ "我的想法并不能控制我的生活，我才可以。"

　　□ "如果我愿意，我的想法可以完全不同。"

　　□ "我现在没有危险。"

　　□ "那又怎样？"

□ "这种情况很糟糕，但这只是暂时的。"

□ "我很坚强，我可以处理好这个问题。"

在下面的工作表上，在标有"令人苦恼的情况"一栏中，写下最多10个可能引发不安情绪的事件。在"新的应对想法"一栏中，写下你可能用来面对和度过这些触发情况的应对想法。

应对想法工作表

令人苦恼的情况	新的应对想法

例：以下是胡安的应对想法工作表。

令人苦恼的情况	新的应对想法
伴侣抱怨我。	倾听和理解。我们之前已经找到了解决方案。
我感到很难过：很难完成一个工作任务。	我会渡过这个难关，不让它影响到我。
因思念父亲而感到不知所措。	我会渡过这个难关的，它会过去的。
我对家里和工作中面临的各种事情感到焦虑。	我可以感到焦虑，但仍然可以处理好这种情况。
手腕疼痛——鼠标手发作。	我曾经处理过这个问题，我可以再次克服它。
夜晚——失落感和孤独感。	这些感觉是不舒服的，它们会过去的。
早晨很难过——有种绝望感。	这些感觉是不舒服的，它们会过去的。
汽车马达发出滴答声。	我可以感到焦虑，但仍然可以处理好这种情况。

续表

令人苦恼的情况	新的应对想法
不得不前往密尔沃基。	我已经去了很多次。这些只是感觉，我总能克服的。
独自在家里思绪万千。	我的生活不是由我的思想控制，而是由我来控制的。

全然接纳

痛苦的一个主要根源是抗拒和反抗已经发生的痛苦的事情。愤怒和不安，为所发生的事情自责或责怪他人，反复唠叨"它本不应该发生"，只会加重你的痛苦。现在你有了两种痛苦：一是对痛苦事件的悲伤和遗憾，二是叠加在其上的愤怒或自责。坚持认为痛苦的事情本不应该发生，它是错误的，是恶意的产物。这是一种试图撤销它的尝试。但是不接受已经发生的事情只会使你的痛苦变本加厉。你感到受伤或悲伤——同时还愤怒不已。

你无法改变所发生的事情。有了全面接纳，你可以承认已经发生的事情，而不对自己或他人进行评判。导致特定结果的一连串事件必须发生——它是许多选择、行动或环境的结果，而这些选择、行动或环境都最终导致了一些困难。

全然接纳并不是纵容或同意所发生的事情，它只是意味着不再试图改变已成定局的东西。以下是一些建议的应对想法，帮助你面对和接受困难的事件。

◎"这是必然的。"

◎"所有的事件都导致了现在。"

◎"我不能改变已经发生的事情。"

◎"与过去抗争是没有用的。"

◎"对抗过去只会让我看不清当下。"

◎"现在是我唯一能掌控的时刻。"

◎"与已经发生的事情作斗争是浪费时间。"

◎"当下是完美的，即使我不喜欢正在发生的事情。"

◎"考虑到之前发生的事情，这一刻完全是应该的。"

◎"这一刻是无数其他决定的结果。"

——摘自麦克凯，伍德，布兰特利（2019）

练习你的痛苦耐受技能

在下面的工作表上，在你想在感到苦恼时使用和掌握的技能旁边打上钩。

痛苦耐受技能（DTS)

□ 放手技巧（双侧刺激）

□ 横膈膜呼吸法

□ 身体觉知法

□ 提示词控制放松法

□ 安全岛想象法

□ 自我疗愈法

□ 分心法

类型：

_____

_____

□ 应对术

_____

_____

□全然接纳

你可以通过一个叫作应对技能训练的过程来学习和加强所针对的技能（Meichenbaum，1977）。它从想象一个最近发生的令人不安的事件开始，如下所示。

> 在脑海中，展开整个事件。试着像看录像一样观察，注意你和别人的言行。视觉化这个场景，直到你感觉到一种适度的强烈情绪——在0～10等级的范围内，大约在5级。
>
> 现在关闭这个场景——停止视觉化——把你的注意力转移到情绪本身。一分钟左右，观察这种感觉以及它聚集在身体哪个位置。可能会有与这种感觉相关的想法，但要把注意力放在情绪本身。在头脑中，描述这种感觉：它的大小或强度；情绪的质量。
>
> 现在运用你已经决定要学习的痛苦耐受技能（DTS）之一。持续使用该技能1～2分钟。现在用我们之前使用的10等级制来检查痛苦程度。继续使用该应对技能，直到你的苦恼在量表上降到2级或3级。如果你的痛苦耐受技能起效慢，那就再多练习一会儿，直到你的苦恼显著减少。

用另一个视觉化的事件重复该过程。

我们建议你每天进行一次应对技能训练，测试和练习你选择的DTS。一些选择技能可能不能很好奏效。那就放弃它们，把它们从清单上删除。其他的技能，只要稍加练习，就会对令人不安的视觉化情景有合理的效果，而且很快就会成功。这些正是你希望通过现实生活中的情境来实践的技能。DTS的运用是灵活的，在痛苦激增的时刻使用DTS，是应对技能训练的目标。

逐渐从可视化触发的方式的练习发展到现实生活中的事件，选择一个想利用的DTS，每天早上进行练习。确保在一天中任何遇到引发痛苦因素的时刻，都能及时运用所学。同时在第二天早上一定练习一个新的DTS。在一两个星期内，你将有一个小的、可靠的DTS保留项目（并将抛弃其他一些在现实生活中不那么有效的DTS）。保持这个明确的意图，在你每次遇到情绪困扰时，练习一个或多个DTS。

案例 苏菲从高中开始就与压抑的情绪作斗争，历经多次拒绝。她觉得最想学习的痛苦耐受技巧是：

◎ 放手技巧

◎ 提示词控制放松法

◎ 自我疗愈法：在她的手机上播放音乐和美丽的图像

◎ 分心法：通过思考他人、未来计划和积极的幻想来转移她的想法

◎ 应对术："我可以克服这种感觉。我以前做过，现在也能做。这将会过去。"

苏菲辨别出许多受负面情绪控制的情况。这些情况包括（1）来自她的伴侣、同事或朋友的批评；（2）面对工作要求时的焦虑感；以及（3）当伴侣表现出疏离态度时产生的被抛弃的恐惧。

苏菲决定利用应对技能训练来练习和评估她所选择的DTS。她先想象出情绪导火索的细节，让痛苦的情绪和身体感觉上升到一个中等程度的不安。然后她关闭想象，使用她的应对策略，并观察发生了什么。有些策略是失败的，有些则非常有效，将她的痛苦从5~6级减少到1~2级。最有效的策略是：

◎ 放手技巧

◎ 通过未来计划转移注意力

◎ 用音乐提示控制放松法

◎ 应对术

苏菲开始在现实生活中练习这四种应对策略——特别是当她感到被批评（伤害）或焦虑时。一旦她注意到目标情绪，苏菲就使用她所选择的一种或多种DTS，一直坚持到苦恼下降到3级，或最多4级。

练习和有效地使用DTS，给了苏菲信心，相信她可以面对和驾驭她身体中的负面情绪和感受。她不再害怕自己的情绪，因为她知道自己能够应对。

一个提高疼痛耐受的过程

学会减少痛苦不耐受，就可以接受身体中的痛苦情绪、想法和感觉。与其抗拒或试图控制疼痛，可以学习软化它，保持它，并简单地让疼痛存在。这种与痛苦的新关系将痛苦的内心体验从不好的东西，必须抗争的东西，变为可以持有和允许的东西，直到它们蜕变为另一种不同的体验。

培养这种改变你对内心痛苦的反应方式的最有效过程是练习接纳冥想。与其试图摆脱痛苦，不如允许它的存在，不加判断地让它存在，并观察痛苦的变化和最终消退。

接纳冥想

在注意到痛苦的感觉或情绪后，尽快练习接纳冥想。花点时间做这个冥想，大约需要15分钟，每天至少一次。在你的智能手机上录下说明，这样你就可以在练习时听了。

> 首先选择一个舒适的坐姿。闭上眼睛，专注于呼吸。把你的注意力带到横膈膜上，这是你的呼吸和生命力的中心。注意每一次吸气，并通过说"吸"来标记它。注意每一次呼气，并通过

对自己说"呼"来标记它。就这样一直观察你的呼吸，说"呼"和"吸"。（暂停）

当你专注于呼吸时，思绪会出现——回忆、忧虑、未来的计划、各种评判。只需留意这些思绪，然后尽快回到呼吸上。（暂停）只是关注呼吸，让它轻轻地、毫不费力地上升和下降，以一种缓慢、自然的节奏。（暂停2分钟）

在这一刻，让你的注意力扩展到呼吸之外。留意压力或困难的情绪在身体中表现在哪里。你可能会注意到紧张、疼痛、瘙痒，或者只是身体的一种奇怪感觉。只需留意它，而不对它进行评判，并将注意力放在那里，持续一分钟。（暂停）

接下来，对身体中的压力或困难情绪进行软化。让它周围的肌肉放松下来。只需留意这种感觉或情绪，不要试图控制或推开它。你的身体可以在这种感觉的边缘处保持柔软，为它腾出空间。放手……放手……放掉感觉边缘的紧张。（暂停）

在观察的时候，如果某种情绪让你感到极度不适，只要尽力记下你的体验，并回到呼吸的起伏中。把呼吸作为锚。尽量不要评判你的情绪，也不要被它分散注意力。（暂停）

同样地，如果一个困难的想法出现，尽你所能注意到它并让它消失。再一次，回到呼吸上，将其作为你的锚。尽量不要评判自己或这个想法。（暂停）

现在温柔地包容这种感觉或情绪。用你的手来盖住并握住那个地方。对着那种感觉呼吸。以一种善意的态度去呼吸，接纳那份压力或困难情绪。把这里当作是你需要照顾的、要捧在手心如同珍宝一般，需要你的爱的地方。（暂停）

同样地，如果一个困难的想法出现了，或者你的思想游离了，注意并接受它。然后让它走。（暂停）

最后，让这种感觉或情绪存在。让它在那里没有阻力。任它去或留，改变或不改变，留在原地或移动。让它保留自我，为它腾出空间，保持、接受它在你身体和生活中的存在。（**暂停**）

软化……保持……顺其自然。软化……保持……顺其自然。软化……保持……顺其自然。对自己重复这些话，善待可能有的任何痛苦。允许它留下或离开或改变。（**暂停**）

当继续时，允许困难的想法出现——只是注意到它们并让它们消失。（**暂停**）

当继续时，你可能会发现，这种情绪在身体里移动，甚至变成另一种情绪。试着与你的体验待在一起，继续使用"软化……保持……顺其自然"的口号。（**暂停**）

最后，将注意力回到呼吸上，简单地注意到呼吸的起伏：吸气和呼气。然后，当你准备好时，慢慢睁开眼睛。（**结束冥想**）

这里的接纳冥想受到勒夫和格尔美（2018）的"软化—安抚—允许"冥想和来自麦克凯和伍德的想法的启发（2019）。

每天坚持练习接纳冥想。它的转变效果需要时间，但你会注意到在6到12周的时间里，情绪和感觉对你的干扰减少了。它们只是不断变化的当下的一部分。你拥有它们，只是等待。痛苦，总是最终变成其他东西——一些新的经验——你可以欢迎并持有，直到下一个新东西出现。

总结

心理韧性是一种培养而非找寻的东西。它是一种肌肉，可以增强你的力量，让你在困境中乘风破浪而不沉沦。在本章中，你已经通过两种方式建立了心理韧性。第一，通过建立应对技能，使你有信心面对痛苦，并有能力将痛苦情绪的旋钮调低。第二，通过提高接受度，使痛苦不再是你所抵制或逃避的东西。相反，它成为你允许的东西，知道每一刻都与上一刻不同。心理韧性是一种技能，即你可以面对这个痛苦的时刻，并觉得它是通向你生活中所有后续部分的桥梁。

从这里开始，回到评估章节，看看你在《综合应对量表》（CCI-55）上的下一个最高分数。这将告诉你接下来要继续读哪一章。

5

开放：
从情绪回避到
情绪接纳

倘若你在《综合应对量表》(CCI-55)》的第5部分情绪回避中获得了最高分，你可以选择阅读这一章的内容。我们悲伤、羞愧、愤怒、恐惧时，会选择戴上面具，把自己隐藏起来，压抑自己的情绪，或者是完全地否认我们的情绪体验。在这一过程中，我们就使用了情绪回避和过度控制的方法来应对（Foa et al., 2019；Hayes & Smith，2005）。这类应对策略可能表现为转移注意力、不形于色、强颜欢笑、不与人说、精神恍惚或完全"隔绝"情绪（脱离）。

而像这样逃避和压抑自己的情绪，最后的结果就是痛苦的情绪会变得越加强烈（Linehan，1993； McKay & West，2016）。你越是想要逃避焦虑和回避引发焦虑的情况，焦虑就越会困扰你。你越是想要避免悲伤、失败或者是悔恨这样的情绪，那这些情绪就会持续更长时间，也会变得更强烈。你尝试摆脱或者是抑制它们，羞愧感也会愈加强烈。而你拒绝面对它所带来的痛苦，愤怒也会变成一道血淋淋的伤口。总的来说，情绪回避只会让情绪变得更强烈，持续时间更久。

这一章将会帮助你学会接受自身的情绪体验并敞开自己的心扉，带着兴趣，谨慎应对强烈的情绪，甚至是那些你认为是消极的或者是坏的情绪。学会接受它们会让情绪没那么让人窒息，你将会有更多的自由来面对这些情绪，并有权选择何时探索它们的本质和影响，关注从中学到的领悟，而不是害怕它们的力量。

情绪回避：它是什么？

为了更加清楚地解释情绪回避及其影响，我们先来介绍一下卡门。

卡门很难和她的同伴塔妮娅沟通，因为她总是给卡门一些消极反馈。塔妮娅让卡门记得按时支付账单，并且做好分内家务。卡门立刻感到一阵不安、窘迫、愤怒，甚至害怕。她会马上心跳加速，脸红，思维也会变得混乱，开始自己胡思乱想：*她对我态度这么恶劣，是因为我们的关系不好吗？我真是一个混蛋！她怎么敢说这样的话呢？她才是混蛋……*这些想法深深地困扰着卡门。

面对这些强烈情绪，卡门就会扭过头去，身体仿佛定住了一样，回复道："好的，你说得对。"然后结束这段对话。接下来的时间里，她就会去看视频转移自己的注意力，并只与塔妮娅简短地交谈。到第二天，每当她想到这段对话，她都会感觉情绪再次上涌。为了摆脱这种情绪，她会选择长时间的工作和刷剧以避免和塔妮娅接触，最终她选择喝酒寻求"放松"。

这种对于强烈情绪的处理是可以理解的，但是卡门回避情绪太过于频繁和强烈，这与她的价值观不符。在这一案例中，这就妨碍了卡门承认自己其实是想要成为一个好室友，而且在听到批评她的话语时，她会感到非常地脆弱和受伤，并且担心她俩的关系。情绪回避可能意味着回避交流或者是进一步回避塔妮娅想让她做的一些事，而后一步步影响这段关系。讽刺的是，卡门太过于在乎这段关系了，以至于尴尬和恐惧，但回避这些情绪可能会导致她表现出不在乎的行为。

回避强烈情绪有时候是符合当时情境的，但每个人都需要在一定程度上给情绪定量。在某些情况下，去充分地感受和表达你自身的全部情绪，有时候并不那么有用和让人感到安全。例如，对于那些在哭泣时会受到惩罚的家庭中长大的孩子，或是那些在工作压力下谈论情绪却不被接受的成年人，情况可能会更加糟糕。但是在大部分情况下，我们都需要感受自己的情绪，去探索情绪和在他人面前表达自己的情绪。如果回避和过度控制是应对强烈情绪的首选方法，这可能会形成一种习惯，甚至会对自己的情绪感到害怕和羞愧。这就会让别人很难去感受或者是谈论你的情绪，但是这一点对于我们缓解情绪又至关重要。这也会让你没法充分感受到自己的多重情绪，还可能会让你认为你的情绪就该被忽视，但实际上，每个人的情绪都值得受到关怀和认同。

情绪回避还会引发一系列的自我调节问题（De Castella et al.，2018；Gross，1998），还会加重焦虑导致的逃避行为（Seif & Winston，2014），会让自己陷入抑郁情绪，而且无所事事（Persons et al.，2001）。情绪回避会造成情绪感知困难；无法恰当地标记情绪；无法用言语或非言语形式表达情绪（Blaustein & Kinniburgh，2017）。有大量证据表明，掌握识别情绪的技能可以减轻某些精神疾病的症状，包括重度焦虑、抑郁和情绪失控等（Berenbaum et al.，2003）。的确，我们有这样一种理念，认为情绪是很危险的，是让人感到羞愧的，是需要被控制的。但是往往这样的想法会造成一些精神方面的临床问题，如抑郁、焦虑等。（Sydenham，Beard-wood & Rimes，2017）

其实，你以前也使用过情绪回避这个方法，只是你没有意识到而已。有过这样的经历能够帮助你更好地了解情绪本身。

情绪是头脑发出的信号，帮助我们响应察觉到的威胁或机遇。情绪不是所谓的"真相"，也不是静止不变的。相反地，它们像天气一样变化。情绪促使我们采取行动（这是一种情绪导向型的行为）。有时候这些情绪给我们带来帮助，但是大部分时候它们并不这样，反而经常让我们陷入困境之中，或者是遭受长期的痛苦。每一种情绪，即使是极端压抑的情绪，都是我们鲜活生命的一部分。情绪来临之际，你既没法逃避，也没办法赶走。但是值得高兴的是，你可以选择如何应对情绪。除了对它们采取行动或者是对它们感到恐惧，你也可以把情绪当作身体和大脑给你的信号，把它当作一种有用的信息，可以带给你其他一些方面的思考和意识。

减少情绪回避和过度控制的过程

如果你看到了这里，你所得分数表明你在面对一些压力十足的情况时，可能会采取情绪回避或者是过度控制的方式来应对，但是这可能适得其反。如果你长期使用这种方法，你可能将不能够识别出或者是表达出对你有益的情绪，尤其是在一些重要的关系当中。在面对自己的时候，你可能也没办法去理解你的所需所想。逃避有可能会让你的情绪更加地强烈和持久。情绪一般最多只维持7分钟（McKay & West，2016），但是压抑它或者是逃避它，可能会让这个情绪波动持续更长的时间。

你可以采用更加灵活的方式去观察你的情绪。你还可以选择何时去充分地感受和表达情绪，或者何时去自我安慰和自我调整，而不是完全地把自己封闭起来。这都是在为接纳你的情绪做好铺垫。这是一种让你认可自己内心世界体验和回应自己的超能力，你还可以选择在何时何地表达或与他人分享这些经历。

观察和允许情绪的四个部分

我们称之为"情感"的体验是由神经系统中的物理过程组成的，我们的大脑根据我们的文化和当前的环境，将这些过程解释为一种特定的情感。它通常是在经过思维的跳跃、身体知觉、行为冲动以及情绪语言之后产生的。

它们稍纵即逝，也难以描述，但是这一过程可以帮助你关注情绪体验的各个部分。最好等你有时间和空间的时候自己试试，或者是当你已经感受到某种情绪的时候。我们推荐你现在先阅读下面的指导方法，然后在第一次练习的时候再回顾一遍。还有一个方法就是把它们录制到你的手机上，然后再听录音去做。我们鼓励你每天都练习观察和允许你的情绪，如果可以的话，最好至少一周三次。

倘若你感受到的是高能情绪，例如恐惧、愤怒、高兴或者是羞愧，你可以好好坐下来，甚至是躺下来，并把你的手放在胸口上。如果你感受到的是低能情绪，例如悲伤、平静或者无聊，你可以试着站立，甚至是走动走动。

在感受情绪的过程当中，你还需要注意这四个部分。不管你的情绪是微弱的还是强烈的，都没关系。关键在于关注它们，并保持深呼吸。这里并没有正确或错误的做法。如果你走神然后又回过神来，都是没关系的。只要尽你最大的努力，保持好奇心就可以了。

身体知觉：

把你的手放在胸口上，然后深呼吸。以手的触摸为起点，开始让你的觉知扩散到你的整个身体，并开始去注意你在身体中所感受到的。试着不把它们区分为好坏，或者是试图解决它们。关于这个，其实没有特定的顺序，只需要注意你脑海中的感受。你可能会注意到呼吸、心跳、肌肉的收缩和振动、疼痛、脸红，甚至是沉重感。感受到冷或热，尝试去抓住或者"融化"情绪。感受你自己的脸、肩膀、肠胃、手、腿、脚，试着用每一个感官去深呼吸，让自己去充分地感受它就好。注意它是否稳定，或增加，或以某种方式改变。你可能还会对每一个感觉都说"好"，然后深吸一口气，留出空间；呼出一口气，以放松。

冲动：

深呼吸并且关注你的感官有没有做某事的冲动。愤怒时可能会想要大叫或者是崩溃；恐惧时可能会想要退缩或隐藏自己；悲伤时可能会想要把自己蜷缩起来哭泣。你可能都想做，也可能什么都不做，或者是做一些别的事。看看你能不能探索出自己内心的冲动，并想象出你现在最想做的事情是什么。这也无关正确与否。保持深呼吸，然后去想象你感受到了冲动，而又不采取行动是什么样的情况。它会导致紧张、激动或者是困惑吗？所有的这些情绪都是可以接受的。看看这些冲动有没有膨胀或消退，或者是它们有没有发生变化。

想法：

现在关注你脑子里产生的想法。你可能会：我从来就没有把事情做对过。我讨厌它。真是太可笑了。你也可能会在脑子里闪现不同的画面，或者是一系列充满疑惑的问题。好好观察这些在你脑子里不断跳出的想法，但是不要尝试去解决它们，控制它们，或者是区分好坏和真假。保持深呼吸，只是去关注每一个想法。

情绪：

现在深呼吸几次，然后看看你把身体知觉、冲动、想法结合起来之后会发生什么。你的内心可能会有一点困惑，也有可能是像万花筒一样复杂，或者是对某一种情绪有了清晰的认知。只要保持好奇就好，看看如果我们以更宏观的视角来关注这些情绪又是什么样的。做完这些之后，看看你能不能用一个或者是三个有关情绪的词来准确描述你所感受到的。用你自己明白的语言就好，你可能会用以下的表达来描述总体的体验："易怒""无聊""不知所措""孤苦伶仃""害怕""紧张"和"情绪激动"。其实，你并不是在找一个"正确的"答案。不管你感受到什么样的情绪，它们都是正常的，并没有正确与否之说。可能用来形容你体验的词有很多，选择几个最符合的就可以

　　了，想象你用手轻轻地捧着它们。情绪是可以转变和融合的，所以你使用的词也是可以调整的。

　　为了进一步加深这种体验，你可以想象把你所选的情绪词轻轻地放在手心里，带着好奇心，就像是你握着很有趣的植物或者石头，这可能听起来有点蠢。但是当你握住它的时候，深呼吸，假装或想象你真正地享受这些情绪，通过身体知觉、冲动和想法来实现。即使它们是强烈的负面情绪，例如悔恨或者是愤怒。假装这些体验非常地宝贵，就好像你会珍惜无意中发现的漂亮野花或者是不为人知的溪流一样。

　　为了帮助你识别情绪，这里有一个有关感受的英语词汇表，但是没必要仅仅局限于这些。你可以使用描述颜色的词，描述质感的词，以及任何创造性的方式去解释自己的体验。

愉快	难过	生气	惧怕
平和	不安	暴怒	恐惧
满足	孤独	恼怒	担心
骄傲	脆弱	武断	焦虑
好奇	绝望	恐惧	无助
有趣	内疚	挫败	害怕
令人鼓舞	低落	挑剔	紧张
感激	受伤	冷漠	无保护
敏感	卑微	愤愤不平	受到排斥
有创造力	空虚	嫉妒	受到威胁
自信	懊悔	暴怒	极度惊慌
好问	窘迫	侮辱	脆弱
愚蠢	羞愧	厌恶	有压力

有激情	寂寞	愤怒	崩溃
兴奋	失望	孤僻	犹豫
快乐	闲散	大怒	压迫
自在	无动于衷	怀疑	震惊
惊讶	不知所措	不耐烦	吓呆

每次当你观察或者是允许情绪的时候，看看情绪记录表上的四个部分并做好记录。记录下这些情绪部分，直到你练习得足够多，可以轻松地识别出它们。

情绪记录表

身体知觉：

冲动：

想法：

情绪：

案例　以下是拉杰的情绪记录表。

第一次情绪：

身体知觉：额紧，臂紧，胸热

冲动：想要击打什么东西或者是逃跑

想法：她正在激怒我，想让我看起来很愚蠢，没有人支持我

情绪：愤怒，悲伤，好像有一种自己做错了事的感觉

第二次情绪：

身体知觉：感觉提不起劲，非常地慵懒，想一直坐在椅子上

冲动：什么也不想做，只想放弃，让事情顺其自然

想法：我做的一切都不会成功，我非常地孤单，但没有人关心我

情绪：悲伤，随它而去，真的累了

在进行多轮的观察和允许情绪发生之后，拉杰的情绪记录表记录了他的多次感受和想法，从中得出的结论有以下几点。

◎情绪来了也会走，不管多么强烈，它们都不会持续太长的时间，有时候一种情绪会替换掉另一种情绪。

◎当你学着去观察自己情绪的时候，不一定非要回避它们。

◎"内心的渴望只是一种渴望"，它并不意味着你必须要付诸行动。

关照情绪

这次的练习能够帮助你培养意志力和忍耐力，甚至对自己的情绪产生兴趣。不管强烈与否，积极还是消极，它都能够让你一直保持观察。当你发现自己的情绪有趣的时候，它会引导你把情绪当作一种机遇，而不是需要被解决的威胁或者问题。

深呼吸，如果你想更舒适的话，你可以闭上眼睛，或者是看一些静止的东西，比如说地板或者是墙壁。

1. 想想与愚蠢、有趣或快乐的感觉有关的记忆。不管你首先想到的是什么，它都可能是你所需要的。给自己几分钟的时间去想想这段记忆的味道、声音甚至是画面。当时你在哪？周围有些什么人，你注意到了什么。就算你记不清楚，你也可以自己增添一些细节，这是想象的一部分，也是记忆的一部分。现在做一次深呼吸，想象你现在就在那里。想象你的身体会如何感受当时所经历的有趣或者是愚蠢的情绪。让你的身体自由地表达那种情绪，你可能会紧接着调整你的面部表情，或者是注意到你肌肉中所发生的一些变化，但是没必要去强迫自己，不管发生什么，花费几分钟的时间去好好地观察它。

2. 现在想想与悲伤，甚至是悔恨有关的记忆。再说一次，不管你脑子里最先跳出来的是什么画面，都是你所需要的部分。你可以把记忆和想象结合起来，就像上面所说的那样。只要让你沉浸在悲伤的氛围里面，然后再去探索它的画面、声音、味道和对于记忆的感受。让悲伤环绕你的全身，用身体去表达它。这也需要花几分钟的时间。

3. 现在想想与愤怒、沮丧或恼怒的感觉有关的记忆。用几分钟让你的想象带领你进入那种情境，然后感受你所应该拥有的情绪。

现在睁开你的双眼，然后回到你目前的状态。注意"唤起"或"体验"这三种不同情绪时的感觉，你的身体和心灵是如何交互以产生这种体验的。看看花了多长的时间去实现情绪转换。如果现在让你安静地坐下来，让情绪回落，又是什么样的？每个人的感受都是不同的，所以只需好奇它在你身上是如何起作用的。这些情绪消散得快吗？还是在没有出现那些画面之后，它们依然会持续更长的时间？你是怎么知道的？你的身体和头脑是怎么告知你这些信号的？

等你感到相对平静的时候再做这些练习，就可以帮助你注意到：情绪是怎么开始的？又是怎么结束的？它们是怎么到来的？又是怎么离开的？它们会帮助你的大脑养成习惯，不管多么强烈的情绪，都不会持续太长的时间，也不会对你的身心健康造成危险。

基于图像的情绪暴露

花一整周的时间调动你的所有情绪，尽管其中可能有一些是你不想感受的。你想逃避它们，但是就有可能出现下面这种情况：（1）情绪会慢慢地进入煎熬模式，最后强烈爆发；（2）你越是想避免情绪恶化，越有可能会导致更加强烈的情绪爆发。基于图像的情绪暴露能够帮助你拥有和控制住这些情绪，这样它们就不会让你身心俱疲，或者是突然采取一些具有负面影响甚至是情绪驱动的行为。

拥有情绪和基于情绪产生的行为是完全不同的。因为情绪而导致的行为，例如主动攻击，后退或者是逃避，都有可能让你受到情绪的控制。通过情绪体验的方式，能够让你真正地去观察自己的情绪，然后让你在以后情绪到来或者是结束的时候，不去抵抗，或者做出一些非常冲动的事。

最近给你带来痛苦情绪的经历，对于你练习基于图像的情绪暴露是一种非常好的选择，以下是相关的做法：

想象过去的场景，就好像你在看一个视频一样。你当时在做什么？说什么？其他人又是怎么做的？怎么说的？注意一下这件事发生的场景，关注你自身的想法。观察场景的展开，直到你感觉到身体或情感上的重大反应。（如果满分是10分的话，可能会占到5～7分）这就是情绪暴露。

现在不去想那些画面，只是去观察其中到底发生了什么。首先关注你自己的身体，去观察和允许任何的感官变化，并尝试去说出你内心的感受。

尝试去观察，或者是说出你身体所感受到的任何情绪。如果想要了解得更加清楚，可以多观察几分钟。当你观察的时候，你的情绪有没有发生相应的变化？加强、改变或者是融入其他的一些情绪？

关注这些想法，但是不要被它们所影响。只是给它们贴上标签：（"悲伤的想法""愤怒的想法""恐惧的想法""羞愧的想法"），不管是什么，都让它们随风而去。

关注冲动，尽量去避免它们或者是做出情绪驱动的行为。看看感受到冲动，但是不去付诸行动会是什么样的。

现在回到当下：

> 把你的身体知觉说出来，然后注意看看它们有没有发生变化；
>
> 说出你所感受到的情绪，看看它们有没有发生变化；
>
> 观察，然后给情绪贴上合适的标签，让思绪放飞；
>
> 观察冲动。

然后按照身体知觉、情绪、想法、冲动的顺序不断循环两次以上。

在基于图像的情绪暴露练习结束之后，好好反思一下。关于这些情绪，你学到了什么？如果不去逃避它们，你能不能接受并控制住这些情绪？当你观察它们的时候，情绪是怎么变化的？

每次你有不高兴的经历的时候，你都可以好好地体验情绪。这样你就可以学会观察和忍受这些情绪，而不是逃避或者是冲动地采取行动。

案例 朱莉娅最近遇到了一个难题，因为她的老板总是让她去解释一下工作流程相关的问题。她的第一反应就是崩溃和非常挫败。她快速地结束对话，然后走出了老板的办公室。当天晚上，她安安静静地坐在房间里，然后做了以下这些步骤：

> 她想象自己到了老板的办公室，说了些什么话。重现了当时的场景，观察了自己的情绪，以及它们是如何表现出来的。她感到挫败，当时的痛苦反应大约在10分制中达到6分。
>
> 朱莉娅不再回想当时的情景。她注意到了她身体感官发生的变化，例如，她胃部有些不适，脊柱也有一些刺痛。最开始的时候，这些感官变化很难被描述，但是当她仔细观察了之后，这些反应就非常清晰地表达出来了。
>
> 情绪是很难去定位的。是劳累吗？不，比劳累更严重。是对自己不利的感觉吗？也算不上，它更像是一种慢慢坠入悲伤的过程。她观察自己悲伤的情绪，感觉到自己想要放弃。朱莉娅观察着情绪，这些情绪慢慢转变成没有被她老板重视的失落。
>
> 她的想法似乎是一种自我攻击：我搞砸了一切，她才会这样对我。她注意到了每一种情绪的产生，而且对自己产生了一种不同的评价。那就是随它去，转而关注自己的身体和情绪变化。
>
> 内心的冲动是想要放弃，想辞职。而且她很想对老板说：去你的，然后摔门而去。但是她观察了之后，就更想坐下来好好地谈谈，而不是采取切实的行动。
>
> 当她重新回顾这次经历的时候，她经历了感官上、情绪上以及

冲动的变化。

她多次重复了这样的行为，注意到悲伤的情绪在强度上是怎么变化的，又是如何转变成潇洒地随它去。

通过这次情绪体验，她认为看似让人崩溃的情绪也会变得让人可以忍受，不用去逃避。她也很惊讶地发现，悲伤能够转变为一些更为柔和的情绪，近乎平静。

促进情绪接纳的过程

现在，你已经可以做到逐渐减少情绪回避了。因为情绪回避只会恶化情绪，让其持续更长的时间以及做出冲动性行为。以下的步骤能够帮助你更快地接纳你的情绪，而且接纳你所拥有的任何情绪。

探索情绪地图

这个过程可能会用到可视化和暗喻来帮助你了解自己内心的情绪地图，并作出客观判断，最好在你没有被任何强烈情绪所压抑时作出。如果你感觉有点崩溃的话，最好回到第四章：韧性。

首先拿出一张纸和笔。如果你有蜡笔或者是彩笔的话，当然更好。

不要尝试去做得非常地精准（你可以重复多次），开始去画你最强烈和最常感受到的情绪可能是什么样的，就好像它们是你脑海中的一张地图一样。你可能会在喷发的火山旁边画上愤怒的岩浆，好像要冲入自我怀疑的平原一样。你地图的中心，或者是靠近边缘的位置可能会有一片名为不确定和恐惧的森林。也有可能你的地图全都是欢快奔放的河流。你的地图可能会有无聊的沙漠，做着白日梦的绿洲。你的地图可能还有充满绝望的巨人和悔恨的山峰。尽可能多地充满想象力，不要去担心自己创造力不够。如果你想的话，你甚至可以只画很多的圆圈。重点是随意些，放松些。

但是请记住，你情绪地图的地理特征并不分好和坏，对和错。我们每个人都拥有一整个的世界。

等你下次感受到强烈情绪时，你可以暂时闭上双眼，想象自己在岩浆上面冲浪，或者是在恐惧森林里面漫步。

分享情绪语言

把完整的你和情绪化的你展现出来，最美妙的一件事就是它会感染你周围的人也能够这样做。你可以和你的爱人种下一颗种子，然后在你的精神领域里面变成花园。在这里，脆弱、诚实和自我表达都能够得到尊重。

做到这一点，你需要把自己的情绪体验用语言表达出来，你可以尝试以下3个步骤：

1.学着把情绪说给自己听

有时候谈论自己的情绪，可能会有一点尴尬。但是把自己的情绪说给自己听，可能会让你好过一点。经过一周的练习，尝试一天3次跟自己的情绪对话。例如你不小心把杯子打碎了，你可以对自己说："是的，我感到非常意外和愤怒。"你可能打开你的邮件，就感到胃部不舒服，你可以说："我想我可能有点紧张或者激动。"你还有可能在洗澡，然后对自己说："今天我遇到了很多不同的事：一会无聊，一会沮丧，一会高兴，但是现在我很困。"

2.把自己的感受说给值得信任的人和爱的人听

下一步就是在亲密关系中经常使用一些情绪词汇。你可能会对你的伴侣说："我现在可能要生气了。我非常地沮丧。"或者你也可以在对你的同胞姐妹讲话时，把你的手放在心上说："我现在可能有一点悲伤。"又或者你可能会打电话给你的朋友说："我现在听到你说话，感到非常地有安全感和满足。"也有可能你有一点烦躁，你小心翼翼地挑选你的情绪词汇，你也可能把选择权交给那些亲近你的人，然后尽你所能地和他们分享你的体验。关于这一点，最棒的事就是你可能会收到一些反馈，然后对于其他人的内心活动也会有更深的感受。

3.当你不确定的时候，也请大胆地表达自己的情绪

这是下一个层面的情绪表达技巧。你可能需要冒一点险。试着在接下来的一周里，在三个不那么安全的社交环境中使用情绪词。对方可能是与你亲近但关系有些紧张的人，你可以说："你知道吗？我现在感觉有一点忐忑不安。"或者你也可以对陌生人说："嘿，我现在感觉有一点不舒服。"再有可能你在会议上："说实话，我感觉有一点烦躁。"

在你开始去表达你自己的体验时，你会发现其他人有什么样的反应。当你越来越能接纳自己的情绪，你就会发现你的关系也获得了进步，这是非常重要的。当你尝试过这些方法，做过这些实验，你就会掌握到一些有用的信息，并根据关系的亲疏决定要不要开展相应的情绪对话。你的同伴能够相应地表达他们的情绪吗？他们对你的情绪体验感兴趣吗？你的老板能够注意到你内心的担忧吗？你的朋友能够跟你谈论你所有的任何情绪吗？你的父母能够直白地告诉你他们的感受吗？你是会得到道歉、共享、认可、对立，还是被忽略，或者是只得到了部分重视？所有的这些信息都能够帮助你快速地准确定位：你应该在哪儿表达自己的情绪？什么时候你是最脆弱的？什么时候你应该调整情绪？然后结束不符合你价值观和能力的人际关系。

接纳情绪的冥想

你还可以把下面这些促进接纳情绪的冥想步骤录在你的手机上，然后

每天听一遍。

闭上眼睛，专注呼吸。注意你呼吸开始的地方，以及你呼吸和生活的重心在哪。对自己"吸气"（在吸气时）（**暂停**）和"呼气"（在呼气时）。（**暂停**）

当脑子里开始有想法的时候，对自己说"想法"，然后重新恢复自己的呼吸节奏（**暂停**），吸气，呼气。（**暂停**）

注意你身体的知觉变化，从头到脚。（**暂停**）有些感觉是令人愉快的，有些是让你不舒服的。不要评判你身体里的任何感受。（**暂停**）接受每一次的感受。（**暂停**）

感受你身体当下的情绪。只是去认识到这种情绪，（**暂停**）不管是好是坏，不管是什么样的都学着接受。试试看你能不能不加评判地去接受这种情绪。（**暂停**）让情绪回归本身或者是发生任何的变化。给它留下足够的空间，或者是做你真正想做的。（**暂停**）如果你又拥有了其他新的情绪或者第一种情绪发生了变化，那么就学着去接受这种新的情绪。观察和允许这种情绪成为它本来的样子。（**暂停**）不要试着去批评或者是抵抗这种情绪，而是学着去接受，让它成为你人生的一部分。（**暂停**）

现在深呼吸，吸气的时候带着这种情绪，呼气的时候学会去接受它。（**暂停**）保持现在这种感觉，不管是什么样的情绪。再来一次，吸气的时候带着这种情绪，呼气的时候学会去接受它。慢慢地，慢慢地……

等你感觉差不多的时候，再深呼吸一次，然后结束这次冥想。

总结

在这一章节中，你学会了用开放和充满好奇心的心态去接受你的强烈情绪，而不是尝试去回避它们。你可以通过以下两个方法做到这一点：（1）学会减少情绪回避和过度控制；（2）以开放的心态面对你的情绪体验，包括向其他人表达你的情绪。

你可以从这里再返回到评估章节，看看你在《综合应对量表》(CCI-55)的下一个最高分，然后你就可以去阅读下一个章节了。

6

平和：
从思想回避到
思想接纳

你之所以翻到这一章，是因为你在《综合应对量表》（CCI- 55）的第6部分"思想回避"中得分很高，这部分的高分意味着你经常试图用其他情绪来替代或压抑沮丧的想法。这是你的大脑试图每时每刻保护并救助你的方法。但这样做有时会适得其反，并造成情感上的痛苦。在本章中，你将学习和大脑及其一切不可思议的能力协作，而不是用伤害的方式保护你。在这个过程中，你会从日常生活中收获安宁。

思想回避：它是什么

　　不幸的是，当你产生心烦意乱的想法时，大脑会下意识地排斥这类思考，用别的想法取代这类思考或者干脆停止去想。这个过程被称为"思想回避"，更专业的说法为"认知回避"。让我们来看看在一些假设的场景中，思想回避是如何发挥作用的：

◎ 你经历了一个糟糕的童年，这段时期的记忆时不时会被触发。你试着用积极的记忆来代替这些令人不快的记忆，比如最近的一次度假，或者通过刷手机来转移注意力。但你越是把它们推开，这些记忆就变得越顽固、越痛苦。

◎ 你急于在工作中争取升职。当听到有工作空缺时，你会很兴奋，因为这是你一直在等待申请的职位。然后你又想，可能我无论如何也得不到这份工作，万一我出丑了怎么办？我能成为一个好领导吗？为了控制这些消极的想法，你决定吃一个汉堡来分散自己的注意力，所以你马上点了一个。但当你吃完最后一口时，这些想法又回来了，而且来势更加凶猛。你越想摆脱它们，你似乎就越陷入自我怀疑和失败的预期。

◎你的孩子要去南美旅行，你想到他们在旅途中可能会遇到不好的事情。然后你告诉自己不要再去想那些可怕的想法，但这些想法又再一次出现在脑海中，你越想消除这个想法，你就越感到困扰和恐惧。

在这些例子中，你尽你所能不去胡思乱想。你试图摆脱这些想法，使其影响最小化，用别的想法取代这些胡思乱想或压抑这些想法。但认知回避的问题是：你越想阻止痛苦的想法，它们就会越频繁地出现，变得越顽固、越"黏人"。随着它们出现得越发频繁越发严重，想法所引发的情绪痛苦也会增加。

治愈这种情绪痛苦的方法是从思想回避转向思想接纳——它能让思想来去自如，且没有任何抵抗或依恋。虽然这些技巧是交织在一起的，但我们还是将它们分成两部分，首先关注减少思想回避的方法，然后再是如何增加接纳的练习。

减少思想回避的过程

这是接下来需要走的"路"：学会接纳所有的想法——可怕的也好，陈旧的也好，丑陋的也好——不要阻止、避免或压制它们。你不必赞同或喜欢头脑中产生的所有想法。但你可以学着为这些想法腾出空间，把它们看作是你脑子里冒出的东西，而不是你需要认真对待的想法。

你可以通过练习两个关键的过程来开始观察你的思想和它产生的所有

内容：正念和认知暴露。

正念

正念是用不加评判、富有同情心和易于接受的方式观察经历的过程。它始于简单的觉知，时刻关注你的经历。当你练习正念时，你会发现你的想法来来回回，飘浮不定。你练习得越多，你就越能学会退后一步，以一个公正的观察者的身份观察这个过程，而不是通过避免或陷入消极的想法来回应它们。你将学会允许它们出现，而不是非常担心它们，甚至不会觉得它们很重要。这样，你的生活就可以围绕那些对你来说重要的事情，而不是与你的思想斗争并最终失败。

多项临床研究证明：正念可以显著减少焦虑、抑郁、压力（Astin，1997）和穷思竭虑（Chambers，Lo，& Allen，2008）；促进慢性疼痛的治疗（Kabat-Zinn et al.，1995）；提高认知灵活性（Davidson et al.，2003）、同情心（Shapiro & Schwartz，2000）和身体机能（Davidson et al.，2003）；提高整体幸福感。

正念作为一种技能，可以帮助你做三件事：

1. 关注你的想法而不逃避它们；

2. 将你的注意力集中在当下，而不是陷于脑海里产生的所有想法中；

3. 培养依据价值观而非想法作出选择的能力。

花费大量的时间和精力去消除想法只会加剧随之而来的痛苦、挣扎和不适。当你在逃避想法的过程中，感觉可能没有那么糟糕，但很有可能的是，即使逃避暂时有效，但你的大脑会再次出现相同或者类似的，甚至更糟糕的想法，这只是时间问题。

底线是学会接受你的想法，并活在当下，这是对付让你陷入困境的想法的一剂解药。

记住，无论你走到哪里，你的大脑都会不停地试图保护你，它就像一个24小时营业的安全装置，无休无假。所以，与其挣扎和抗拒这些不受待见的想法和头脑中的所有噪声，不如学会在这些噪声的陪伴下生活。

这里有一个小练习，可以帮助你理解压抑是如何让这些想法更加持久和频繁的。首先，从头到尾仔细阅读这个练习的说明。接下来，为每一步设置一个1分钟的计时器。然后放下这本书，按照步骤去做。

1. 1分钟内尽量不去想胡萝卜。你没看错！用60秒的时间，把你所有的精力都放在不去想胡萝卜上。

2. 现在，在60秒内，确保你不去想任何与胡萝卜、花椰菜或西葫芦有关的事情。尽量不让这些蔬菜进入你的脑海。

3. 用60秒的时间，抹去任何与胡萝卜有关的记忆、画面或想法。尽你最大的努力让任何与胡萝卜有关的画面消失。

你体验到了什么？你能消除所有关于胡萝卜的念头吗？就像上面的练习一样，无论你多么想试图控制自己的想法，你都必须面对现实：你无法控制你的脑海中出现了什么，什么时候出现，或者如何出现。而且，你越是试图阻止某个特定的想法，它就越会出现。当你试图阻止一个想法时，就好像在做不可能的事。所以，你越是试图摆脱那些不舒服、讨厌或痛苦的想法、画面和记忆，你就越是在火上浇油。你不是在摆脱它们，而是在为那些想法轰炸你打开一扇心理之门。

与其关注一个想法是真是假，是积极的还是消极的，是准确的还是不准确的，学会注意到你的想法是什么更有帮助：你的保护性思维一直不断产生内容。这不是你的错，所有人都会这么做。有一种方法可以应付你繁忙的大脑，从思想回避转向思想接纳，这就是练习正念。

正念的基本原理

让我们从关于正念的常见误解开始：

◎ 练习正念并不意味着你必须有一个严肃的面部表情——一直闭着眼睛，或者强迫自己看起来很平静。练习正念是一种非常个性化的活动，就其本质而言，它会时时刻刻地变化——因为我们活着的每一刻都是不同的。有时你可能有一个平静的表情，有时是一张扑克脸，甚至有时皱眉。何为一张"正念"的脸是没有明文规定的。

◎ 正念，正如你将在这里学到的，不是思想真空。在日常生活中练习正念是一种技能，即注意当下出现的任何事情，而不试图改变它们。这意味着让你的想法、记忆和画面简单地存在，即使它们令人痛苦。正念是观察——与抵触相反。

◎ 你不需要放松来练习正念。你想要没有压力，尽可能镇定冷静，这很正常。你被任何能给你平静感的东西所吸引，这是可以理解的。但正念的目的不是放松或成熟。如果你体验到某种形式的放松，那绝对是加分项，但不是目标。

下面的练习将帮助你加强观察自己想法的能力，没有挣扎、回避或抵制可能出现在你面前的想法、记忆或画面。

正念式观察法

你可以选择录下下面的指示并回放，或者简单地阅读它们并练习。

闭上眼睛，深呼吸。注意呼吸的体验，留意每一次吸气和呼气。观察空气通过鼻子的过程。注意你的肋骨扩张的感觉，空气进

入你的肺部，你的横膈膜是如何随着每次呼吸而移动的。注意你呼气时释放空气的感觉。（**暂停**）

请继续观察你的呼吸，让注意力沿着流动的空气的路径移动，吸气，呼气。吸气，呼气。观察你的呼吸。想象你正看着一扇门，这扇门随着你的每一次呼吸而一开一合。（**暂停**）

当你呼吸时，你也会注意到其他的体验。你可能会看到想法千转百回；当一个想法出现时，就对自己说："这是一个念头。"只要标记它是：念头。试着不要对任何念头执迷不悟。只要一个一个地给它们贴上标签，让它们去吧，在呼气之时烟消云散。直到下一个念头出现。（**暂停**）

你只是在观察自己的大脑，同时给自己的想法贴上标签。如果有些想法是痛苦的、不舒服的或烦人的，尽你最大的努力去注意并允许任何情绪。当新的想法产生时，新的感觉也应运而生。没有必要反驳、纠缠或取悦这种想法。只要尽你所能给它贴上"想法"的标签。随着吸气呼气，并为下一个想法敞开心扉。（**暂停**）

当大脑中出现想法时，继续观察它，一个个接踵而至。让它们发生，顺其自然，随着呼气消散。（**暂停**）

如果把你的想法比作天气，那你就是天空，只需传达天气信息。你的任务是观察这些想法，给它们贴上标签，然后让它们自然地过去。无须抗拒，也不需要死抓不放。接纳你的想法，然后放手。接纳你的感受，让它们改变和发展。接纳和放手。（**暂停**）

当你从观察你的思想过渡到回到自己的世界时，深呼吸5次来完成这个练习。

每天练习2次这种正念练习。

　　案例　拉斐尔使用"正念式观察法"练习，发现了几个逐渐清晰的习惯性想法：

　　　　◎带着"坏"想法的身体部位图像；

　　　　◎父亲对他怒不可遏的记忆；

　　　　◎想到妻子对他的某些批评所带来的婚姻的挫败感；

　　　　◎殴打妻子的画面——这事从未发生过，但是他憎恨自己在　　　　　脑海中有过这样的想法。

　　在练习这种思维观察练习的第一周，拉斐尔注意到一些重要的事情：允许想法的产生并标记下来，而不是抵制和试图消除它们，反而减少了想法出现的频率。这些令人不安的想法出现的频率降低了，当它们出现时，也更容易消失。无论是父亲暴怒的记忆，还是殴打妻子的画面，拉斐尔都允许这种想法产生，给它贴上标签（"这只是一个想法"），随后吸气呼出。注意到，允许发生，贴标签，随着呼吸呼出是他每一个想法都遵循的顺序，无论多么痛苦或令人不安。

　　拉斐尔继续观察了数周，另外两个变化开始生根发芽。首先，这些想法引发痛苦情绪的能力似乎越来越弱。最初拉斐尔所有最令人不安的想法都令他羞愧难当，但经过几周的接纳并将它们贴上"只是一些想法"的标签后，拉斐尔开始相信这一点。它们只是"他脑子里的东西"，而不是关于他作为一个人的价值的一些深刻的事实。

　　第二个结果是，拉斐尔开始全天练习注意到，允许发生，贴标签，随着呼吸呼出——而不仅仅是在练习期间。自动地，这样就与他过去沮丧的想法建立了新的关系。

认知暴露

　　另一个减少思想回避的方法就是有意识地将注意力集中在试图回避的

痛苦的、不想要的想法、记忆或画面上——这个过程被称为认知暴露。转向而不是远离这些想法、记忆或画面的过程将使它们：（1）不那么频繁；（2）不那么痛苦；（3）不那么重要。请注意，在这个练习中，"想法"这个词指的是任何念头、记忆或画面。首先，在下面的工作表上列出目前你试图排斥和阻止的痛苦或令人不安的想法。

认知暴露工作表

你试图排斥和阻止的痛苦或令人不安的想法	暴露等级（冲动回避级别0—10）				
	1	2	3	4	5
1.					
2.					
3.					
4.					
5.					
6.					
7.					
8.					
9.					
10.					

为了进行认知暴露，找一个安静的地方，安排10—15分钟的时间；如果你有一个设备，预先录制好自己慢慢地、轻声细语地读指示的过程，这是很有帮助的。然后听录音，按照指示去做。

找一个舒服的姿势。闭上眼睛或将目光集中在一个点上，然后

做几次缓慢的深呼吸。给自己一些时间集中注意力。(**暂停**)

现在，从你的清单中找出一个你通常会逃避、试图打消或不惜一切代价回避的想法。让我们把它称为目标想法。在专注于这个想法的同时，尽你最大的努力感受其他任何随之而来的反应和情绪。尽你最大的努力观察你的身体是如何反应的。(**暂停**)

你是否注意到任何想要压抑、消灭或排斥这种想法的冲动？这种冲动有多强烈？是轻度、中度还是强度？(**暂停**)

注意想要摆脱这种想法的冲动从哪里开始，从哪里结束。注意它在你身体的哪个部位。如果你能按照这种冲动的形状做一个雕塑，它会是什么样子？观察这种冲动是在迫使你压抑目标思想，还是在分散你的注意力？(**暂停**)

在注意到目标想法带来的冲动之后，看看你是否可以完全"放弃战斗"，仅仅通过注意和观察这个想法来停止战斗。默默地向自己描述这个想法、记忆或图像，而不做任何事情。(**暂停**)

如果，你没有与这种想法作斗争，而是选择了拥有它，就像它本来的样子呢？如果你还在抗拒，再尽你最大的努力放弃战斗，放弃与这种想法的斗争。(**暂停**)

注意当你放弃与这种想法的斗争时，会发生什么。看看如果你选择了这个特殊的想法会发生什么。你不必非要喜欢它或不喜欢它，你不必喜欢它，你也不必否认。你只需要尽你最大的努力让它顺其自然。(**暂停**)

当你放下与这种想法的斗争时，看看你是否能与你视线后面的人（有这种经历的人）产生连接。让我们称这个人为"观察者的你"。看看你是否能注意到"观察者的你"正在观察这个想法、记忆或图像，并看着你的大脑拥有它。你注意到了什么？(**暂停**)

现在，从观察那个想法并拥有它的角度出发，看看在没有实际采取行动的情况下，注意到采取行动的推动力是什么感觉。（**暂停**）

现在问问你自己，这个想法里有什么东西是我不能拥有的，或者会伤害到我的吗？（**暂停**）

注意如何解开这个想法：它做了什么，感觉如何，以及你如何不做任何事情就能拥有它。花几分钟时间思考这些问题。（**暂停**）

当你准备完成这个练习时，注意你的呼吸。好好深呼吸几次，让空气从鼻子吸入，从嘴巴呼出。慢慢睁开双眼，回到房间里。

现在，根据思想回避的冲动强烈程度，在"认知暴露工作表"上从0—10分给自己打分。

当你取得进步时，问问自己：我是否愿意从这里开始，无论到哪都带着这些想法？能否不予抵触地接受它们的出现？

每天重复两遍认知暴露练习，每次专注于你最近一直抵触的想法/记忆/图像（并填写在你的"认知暴露工作表"上）

案例 洛里一直挣扎于六种痛苦的想法中，她讨厌且一直试着抑制这些想法。有些想法与性侵有关，有些想法让她崩溃不已。其中一个反复出现的想法与性行为有关，这让她忍俊不禁又厌恶至极。下面是她填写的"认知暴露工作表"。

你试图排斥和阻止的痛苦或令人困扰的想法	暴露等级 （冲动回避级别0—10）				
	1	2	3	4	5
1.被推倒、被控制的感觉。	9	9	7	5	
2.他用手捂住我的嘴，以防我尖叫。	8	6	7	4	4
3.想到性爱经历，既兴奋又厌恶。	9	8	8	6	5
4.有这样的想法：我一无是处，崩溃不已。	7	6	5	6	4
5.有这样的想法：没有人会想要或爱我。	7	6	6	6	5
6.认为是上帝让这一切发生的，它并不在乎。	10	8	5	6	3

　　洛里没有按顺序完成这些想法的暴露，而是从列表中选择了一个直觉上认为重要的内容。针对这个选择，她听了录制的暴露过程，决心在录音的整个过程中观察和保持这个想法。

　　在每次暴露结束时，洛里会对避免这种想法的冲动进行评级。她对每一个想法都反复暴露，直到她能够容忍这个想法，而不会有强烈的冲动把它赶走。当她不再有强烈的冲动去避免或阻止这个想法时，洛里选择着手下一个想法。

提升认知接纳的过程

　　认知接纳来自观察和允许你的大脑去做它所做的事情——思考。它帮助你接纳任何想法，不管它的真实性，不管它的情绪效价。在本节中，我们将重点关注培养认知接纳的两个过程，首先是写日记。

带着目的写日记

带着目的写日记可以让你识别你的想法的作用，看到它们的价值，并接受你的想法的所有产物。下面是你需要做的。

找一个安静的地方写日记，这样你就不会被打扰了。接下来，想想你最近经历的一个具有挑战性的情况，它可能是工作、人际关系或职业生涯中令人沮丧的时刻。尽你所能选择一个你想要解开包袱并从中学习的挣扎时刻。

一旦你确定了这种情况，就把它写下来，尽你所能把所有的细节都写下来。试着捕捉那个特殊时刻的独特性，这样你就可以看到它，听到它，感受到它，并生活在其中。

接下来，写下你脑海中出现的所有想法。尽你所能去捕捉每一个想法。圈出那些对你来说比较麻烦的。当检查这些想法并圈出它们时，你可能会在其中看到一个主题。如果是这样，选择表达出主题的句子，并留意其他主题。如果看不出主题也没关系，也不是每个人都会看到。

圈出这些想法后，问自己以下问题，并在日记中回答它们。在考虑这些问题的时候慢一点，这样你就给自己一个反思、学习和深化思想意识的机会。

◎ 为什么这个想法如此伤人？

◎ 这个想法带给我的挣扎、痛苦或困难是什么？

◎ 这个想法试图教会我什么？

◎ 这个想法是否在保护我？管用吗？

◎ 这个想法中隐藏着什么价值吗？

◎ 这个想法反映了我所深切关心的事情吗？

◎ 这个想法在暗示我做什么？

◎ 这个想法是否影响了我的行为？这是我所期望的吗？

◎我真的需要这个想法吗？

◎面对这个想法，我该如何生活？

有目的地做这个练习和写日记会提高你观察自己思想的能力，轻松地控制自己的想法，并了解让你痛苦的认知的功能。在任何令人沮丧的事情发生后，留出时间有目的地写日记，这样你就可以了解并开始接受你的大脑是如何反应的。

案例　朱莉选择了她与儿子之间的一件事作为她日记练习的重点。她这样描述当时的情况：

"我打电话叫他别玩了，回来做作业。他好像没听见我的话，继续玩。我感到很焦虑。我想他得赶紧开始，不然我们就得整晚熬夜赶作业。我提高嗓门喊，他反而骑远了——骑到街区更远的地方。我探出窗外，不停地喊，而他骑着车往下坡冲。最后，我跑出去，怒不可遏，一把抓住他的胳膊。他尖叫着说'不要，不要'。当我把他拉进屋子的时候，我把他的书摔在餐桌上，冲他吼着让他赶紧开始。他哭了，说我是坏妈妈。"

朱莉圈出的想法：

他不听。

我是个坏妈妈。

我管不了我的孩子。

我以及我的愤怒有点不对劲。

他缺乏自律——他的人生将一事无成。

关键的主题是：

　　1.我是一个坏妈妈，因为我的愤怒。

　　2.我的儿子有问题，他缺乏自律。

这是朱莉如何找到"坏妈妈"主题：

　　◎为什么这个想法如此伤人？**因为成为一个好妈妈对我来说**

很重要。

◎ 这个想法带给我的挣扎、痛苦或困难是什么？**无法让他听我的，我感到很无助。我担心他不自律，在学校表现不好，生活上也是如此。**

◎ 这个想法试图教会我什么？**我的愤怒伤害了他。**

◎ 这个想法是否在保护我？管用吗？**也许是让我不成为一个失败的母亲，但这没有任何帮助。**

◎ 这个想法中隐藏着什么价值吗？**我想成为一个充满母爱、支持孩子的母亲，而不是一个伤害孩子的妈妈。**

◎ 这个想法反映了我所深切关心的事情吗？**关爱很重要。**

◎ 这个想法在暗示我做什么？**请求帮助？学会如何在不生气的情况下处理不当行为？**

◎ 这个想法是否影响了我的行为？这是我所期望的吗？**我不想这样，这只会让我讨厌自己。**

◎ 我真的需要这个想法？**可能需要吧。我需要面对并改变我伤害他的行为。**

◎ 面对这个想法，我该如何生活？**这个想法告诉我，我需要改变。当我逃避这个想法时，我也在远离真相。**

朱莉在有目的地写日记之后，决定报名参加一个在线的父母效能课程。

评估你的意愿

另一个旨在提高思想接纳的过程包括练习正念，记录想法，并评估你接受的意愿。这个练习首先让你注意自己的想法，然后追踪它们的变形、转换或者变化。

找一个安静的地方，拿一个计时器，在继续进行这个练习之前阅读说明：将计时器设置为10分钟。将你的目光集中在一个点上，或者闭上眼睛。接下来，有意识地观察你的大脑在做什么。每当你注意到你冒出一个想法时，只是观察它——什么也不做，也不要试图解决任何问题。有意识地观察这些想法会发生什么……让你的注意力游走，允许下一个想法出现……

现在，当你观察自己走神的时候，把每一个想法（或者尽可能多地）写在下面的评估表上。每当你记录一个想法时，试着接受它在你脑海中的存在。你甚至可以使用一个肯定，比如"我允许这个想法产生"或者"我愿意有这个想法"。然后，在右边一栏，给你的意愿打分，从0分（完全不愿意有这个想法和任何相关的感受）到10分（完全愿意允许这个想法和任何相关的感受）。

评估你的意愿表

天马行空的想法	意愿 （0—10）
1.	
2.	
3.	
4.	
5.	
6.	
7.	
8.	
9.	

续表

天马行空的想法	意愿 （0—10）
10.	
11.	
12.	
13.	
14.	
15.	

让我们来看看朱莉是如何完成上面这份评估表的。当朱莉的想法发生改变时，她停下来把每个想法都写下来。有些闪得太快，转瞬即逝，她根本记不住。但她能记下许多更具体、更显著的想法。朱莉一边写一边读，一边对自己说："我可以这样做。"她深吸了一口气，然后对这个想法进行评估。以下是她所经历的：

天马行空的想法	意愿 （0—10）
1.我忘记购物了。	6
2.乔希（儿子）数学成绩很差。	4
3.约塞米蒂的度假计划。	10
4.家长会会发生什么？	7
5.乔希的老师要求太高了。	7
6.为什么我们不能在他的作业上做得更好？	5
7.汽车发出了恼人的声响。	8

续表

天马行空的想法	意愿 （0—10）
8.今晚我要做冻猪排。	10
9.我吃腻了米饭。	10
10.没有休息。	6
11.一天的事情太多。	7
12.我不善于安排时间。	5
13.乔希也不擅长这个。	5
14.乔希仍然给我甜蜜的拥抱。	10
15.我长胖了。	4

朱莉每天做5—10分钟的评估意愿的练习。通过练习，她发现自己越来越能够以超然和愿意的态度去观察自己天马行空的想法。即使是与乔希相关的痛苦想法，她也能不阻止且不苦恼地让它们存在并消失。她认为，它们只是想法而已，越来越能够允许大脑接受它们。

有一天，她对儿子说了一些令她吃惊的话："我永远都在担心你。我也永远不会停止爱你。"不知何故，她知道，那是来自心灵的接纳。

总结

在本章中，你学会了如何不再逃避令人痛苦的想法，而是通过开放和好奇的心态去观察内心的独白，从而走向接纳。练习正念和认知暴露、带着目的写日记、评估你的意愿，这些都会让你专注于当下，让你受价值观而不是想法所引导，最终给你的生活带来一种平和感。

从这里，请回到评估章节，看看你在《综合应对量表》（CCI-55）上的下一个最高分。它会告诉你下一步应该学习哪一章。

7

明晰：

从认知误判到

灵活思维

你在《综合应对量表》（CCI-55）第7部分中的得分表示你正受到认知误判的困扰。在一些高压环境下，你会倾向于错误的负面想法，而且这些想法会使你感到沮丧、焦虑或愤怒，从而使情况更糟糕。

　　本章节旨在帮你捋清思维，让你有能力冷静地思考、作出准确的判断，在压力之下也能保持头脑灵活。只有思维清晰，你才能将生活中的一切看得更清楚。本章节能帮你辨别并避免真正的威胁因素，充分利用各种机会来促进人际关系，让你学会优雅从容地应对日常生活中的压力。

　　首先你将要完成一些练习，这些练习都是从过去五十年认知行为心理学领域的研究中总结出来的。你会掌握改变过程来发现、分析并平衡那些自动思维。接着，你可以发现自己的灵活思维技巧，并学着形成一些步骤来将这些技巧运用到你生命中的新领域中去。

认知误判——是什么

　　认知疗法的核心概念是：想法能唤起情绪。这一过程分三个步骤实现，从事件到想法，最后唤起情绪。

　　　　事件：比如你常把手机放在口袋，这次却没在口袋摸到它。
　　　　想法：你心想，"天呐！我把手机弄丢了。我可离不开手机，这简直是灾难！"

情绪：你会感到焦虑，对自己很生气。

造成这种情绪的并不是事情本身，而是你自己对这次事件的解读。但如果你想："对了，我的手机在厨房柜台上呢。"那感觉就不一样了，也许只会稍稍对自己的健忘感到烦恼，抑或因为手机安全在家而感到宽慰。

大部分令人烦恼的情况可没有这么简单。很多时候会出现反馈循环，此时自动思维本身会成为"事件"，会让你从中解读出更多消极的想法，从而引起负面情绪。

认知误判是指这种对事件产生误读的倾向，通常会以固定的方式导致不良情绪产生。

减少认知误判的过程

这些过程可以帮你检查自动思维，学习掌握这些过程可以帮你清晰认识到自己日常的认知误判模式，并且能够学着减少这些错误认知。思想日志就是一种非常有用的工具。

记录自动思维

准备几份下面的表格，然后随身带一周。每当你有痛苦的情绪时，在第一列写下你所遭遇的处境。在第二列用一个词描述你的不良情绪，如**焦虑**、**担忧**、**紧张**、**生气**、**恼火**、**失望**、**沮丧**等。在0到100间选择一个数字为你的情绪打分，0分代表一点不安的情绪都没有，100分则代表最痛苦的负面情绪。在第三列写下你在有这个情绪之前和经历这个情绪的时候，心里都想了什么。（后面我们会讨论后两列的内容。）

思想日志

情境 在何时？何地？和谁？当时发生了什么？	情绪 请用一个词总结用0—100分评估你的痛苦程度	自动化思维 在这种不愉快的感受产生之前和过程中，你在想什么？	固定思维模式	平衡的或可替代性思维 重点突出可实施的行动计划

　　案例　珍妮丝是两个学龄儿童的母亲，她和丈夫在一个西南小镇上经营着一家并不景气的汽车旅馆。她的大儿子吉米患有严重的学习障碍。以下是珍妮丝的思想日志中一些有代表性的记录。

情境 在何时？何地？和谁？当时发生了什么？	情绪 请用一个词总结用0—100分评估你的痛苦程度	自动化思维 在这种不愉快的感受产生之前和过程中，你在想什么？	固定思维模式	平衡的或可替代性思维 重点突出可实施的行动计划
吉米撕烂了读书报告，这可是我们花了一个小时一起做的。	愤怒 70 无助 50	他恨我，故意这样做来伤害我。他以后不会有出息的。		
同一天坏了两台空调。还有一台勉强能用。	担忧 90	已经欠了空调系统维修人员的钱。买不起新的了。我们可能没办法再经营下去了。		

情境 在何时? 何地? 和谁? 当时发 生了什么?	情绪 请用一个词总 结用0—100分 评估你的痛苦 程度	自动化思维 在这种不愉快 的感受产生之 前和过程中, 你在想什么?	固定思维 模式	平衡的或 可替代性思维 重点突出可实 施的行动计划
老公刷信用卡 买了三台新的 空调。	生气 85	他太傻了。他 毁了我们。我 们无家可归 了。生意是做 不下去了。		

　　珍妮丝的自动化思维通常是零碎的词语,或者以场景的形式呈现,这是种速记的形式,但她在思想日志中不得不把内容再充实起来,比如她把"他恨我"具体为了"他故意这样做来伤害我"。她曾在小学时认识的一个男孩,"傻"一词就来源于对他的印象,因为这个愚蠢的男孩曾毁了她的8岁生日派对。珍妮丝对"无家可归"这一词进行解读,表明了她的恐惧,觉得"生意是做不下去了"。

认识固定思维模式

　　在写了一周的思想日志之后,你已经记录了足够多的自动化思维,可以学着认识在认知误判背后藏着哪些固定思维模式。**固定思维模式**是指思维习惯,是你在困境中习惯性依赖的解读世界的方法。以下是8种最常见的固定思维模式:

　　　　过滤思维:只关注消极的细节,忽视事情积极的一面。
　　　　两极化思维:认为事情非黑即白,非好即坏。如果自己不完美,就意味着自己是个纯粹的失败者。不能将就,不容许丝毫错误。

以偏概全：依据一件事情或一项证据就得出了总体性结论，放大了问题出现的可能性，给所有事都贴上消极的标签。

读心术：无需别人开口，你就知道他们的想法以及他们为何这么做。尤其是，你确切地知道别人对你的看法和感觉。

灾难化思维：你"期待"灾难。当注意到或听到某个问题，就会开始想"万一呢？"万一发生了悲剧呢？万一发生在自己身上呢？

小题大做思维：夸大问题的程度和严重性，将消极情况的音量调大，使之愈发震耳欲聋，难以承受。

个人化思维：你认为人们做的所有事，说的所有话都是对你的某种反馈。并且会和他人在聪明才智、长相等方面做比较。

应该思维：自己有一套严格的规矩，规定自己和别人应该如何做。打破这些规矩的人会让你生气，当自己违反了规矩又会觉得有负罪感。

现在，在思想日志的第4列中，用这8种固定思维模式来划分你的自动化思维。可以使用记录过的情境，也可以在新的情况发生时再添加。可能你会发现自己会不断使用同样的固定思维模式，有时候会分开使用，有时候也会结合使用。

来看一看珍妮丝是如何填写思想日志的第4列的：

情境 在何时？何地？和谁？当时发生了什么？	情绪 请用一个词总结用0—100分评估你的痛苦程度	自动化思维 在这种不愉快的感受产生之前和过程中，你在想什么？	固定思维 模式	平衡的或 可替代性思维 重点突出可实施的行动计划
吉米撕烂了读书报告，这可是我们花了一个小时一起做的。	愤怒 70 无助 50	他恨我，故意这样做来伤害我。他以后不会有出息的。	个人化思维 灾难化思维	

续表

情境 在何时？何地？ 和谁？当时发 生了什么？	情绪 请用一个词总 结用0—100分 评估你的痛苦 程度	自动化思维 在这种不愉快 的感受产生之 前和过程中， 你在想什么？	固定思维 模式	平衡的或 可替代性思维 重点突出可实 施的行动计划
老公刷信用卡 买了三台新的 空调。	生气 85	他太傻了，他 毁了我们。我 们无家可归了。 生意是做不下 去了。	灾难化思维	
我在数学难题上 逼得吉米太紧， 把他弄哭了。	羞愧 70	我是个失败的 母亲。是我搞 砸了。	应该思维	
银行的信贷员 让我一直等，还 催促我，话都 没让我说完。	生气 50 紧张 75	她能看出来我 很绝望。她看 不起我们，可 怜我们。 她应该给予我 们帮助，而不 是阻碍。	读心术 应该思维	

使用可替代性想法

想一想在这种情况下，能使用哪些想法来平衡和替换原有的想法，并填到思想日志的最后一列。你可能更乐意拥有这些想法，它们代表着更好、更冷静、更平和、更有能力的自我。通常来说，你的这些平衡想法往往暗示着某种行动计划，你可以用它们来弥补当下的情况，或更好地处理这件事。重点突出你想出来的行动计划。

以下是对前面8种固定思维模式的替代反应。不必把它们从头读到尾，但当你陷入某种思维模式的时候，可以以此为参考。

1.**过滤思维**。为了克服过滤思维（即只关注事情消极的一面），你应该有意地去转变关注点。可以通过以下两种方式进行转变：（1）把关注点放在解决问题的策略上，而不是纠结于问题本身；（2）关注你原本想法的相反面。比如，当你总想着失去了什么时，不妨好好想想你还拥有什么重要的东西。当你总担心危险时，那就想想你所处环境中舒服、安全的因素。当你总感觉不公平，或谁做了傻事让你不满时，不如想一想人家做了哪些确实能让你满意的事情。

2. **两极化思维**。克服两极化思维的关键是停止非黑即白的判断。人并非不是快乐就是悲伤，不是喜爱就是厌恶，不是勇敢就是懦弱，不是聪明就是愚蠢。这些情感都是相连续的，彼此相互交融。人这种生物太过复杂，绝不可能简化为非此即彼的判断。

如果你要作这样的评价，那就按照百分比来："大约30%的我是害怕死亡的，而70%的我却在坚持解决问题"；或者"他在60%的情况下似乎只在乎自己，但在40%的时间里他也挺慷慨的"；又或者是"在5%的情况下我也会有些无知，但其余情况下都还不错"。

3. **以偏概全**。以偏概全是一种夸张，是小题大做的倾向。要想战胜它，就不要再用"巨大""极其""极大""极小"这样的字眼，而是学着去量化。比如，当你在想"我们背着巨额债务"时，可以用具体的数字来重新表述，即"我们欠了4.7万美元"。

另一种避免以偏概全的方式是检验一下到底有多少证据能支撑你的结论。如果你的结论只是基于一两个案例、一次错误或者一个微小的征兆，那么在有足够有力的证据出现之前就不要再这样想了。收集证据这一技巧在对抗消极自动思维上十分有用，这个方法也适用于自责的情况，我们在第8章中会谈到。

避免使用"所有""全部""总是""绝不""永不""每个人"和"没有人"这类词来绝对化思考。这些言论往往会忽视例外情况以及灰色地带。试着用"可能""有时"，以及"时常"这些词来替换太过绝对的词语。对于绝对的预设应保持警惕，例如"不会有人爱我的"这类说法。这些预设非常危险，因为它们可能成为自我实现的预言。

仔细观察你用于描述自我和他人的词汇，将一些常用的消极标签替换为更为中性的词语。比如，如果你称自己下意识的谨慎为"懦弱"，不如将其替换成"小心"。与其说自己容易激动的母亲是"疯癫"，不如说是"活泼"。不要埋怨自己太"懒"，可以说自己很"松弛"。

4. **读心术**。长远来看，最好不要对他人作任何推断。要么选择相信别人的话，要么就等有确凿的证据出现时再相信。把你对他人的想法都当作假设，等问过本人之后再来确定。

有时候你也无法验证自己的猜想。比如当女儿不再参与家庭生活时，你也不好问她是不是怀孕了或身体抱恙，但你可以从她的行为中解读出别的可能性，来减轻自身的焦虑。也许她恋爱了，或者在努力学习，可能在忧虑某事，专注于某个课题，或者只是在为未来担忧。通过考虑这些可能性，你也许会找到一个更中立的解读，它和你那可怕的猜测一样，也可能是真实的。这个过程也强调了这样一个事实：除非对方告诉你，否则你无法准确地知道对方的感受和想法。

5. **灾难化思维**。灾难化思维极容易引起焦虑。每当你发现自己有这样的思维时，问问自己"可能性究竟有多大？"对这种情况发生的概率或可能性做个真实的评估。不幸发生的概率是十万分之一，千分之一还是百分之五？这些概率可以帮你清醒地对你惧怕的事做出现实的评估。

6. **小题大做思维**。要想克服夸大思维，请不要使用"糟糕""完蛋了""糟透了""可怕"等词语。尤其是避免用"我受不了了""这不可能"以及"这我受不了"等说法。其实你能承受得了，因为历史事实证明人类几乎可以经受得起任何心理打击，也可以忍受极端生理疼痛。其实你可以习惯并且学会解决所有事情。试试对自己说一说"我能解决"和"我能挺过去的"这类话。

7. **个人化思维**。当你发现你在和别人比较的时候，请记住，每个人都各有自己的长处和短处。将自己的短处和别人的长处对比，只是在打击自己的士气。但事实上，人是复杂动物，随意地比较说明不了任何事情。想汇集并对比两个人身上成千的特质和能力，你得花上几个月的时间。如果你经常觉得他人的反应是和你有关的，那就强迫自己去确认一下。也许老板皱眉并不是因为你迟到了。如果没有足够的凭证，可不要随便下结论。

8.**应该思维**。你需要重新审视和质疑那些包含"应该""应当"或"必须"字眼的个人规矩或期待。灵活的规矩和期待不会用到这些词语，因为凡事总有例外。回想至少三个不符合你规矩的例外事件，然后再想一想那些你没想到的所有例外。当别人不再按照你的规矩行事时，你可能会恼怒。但是你个人的价值观终究还是"个人"的。对你来说可能管用，但是就像传教士在世界各地发现的一样，这些价值观并不总适用于其他人，人并不都是一模一样的。关键是要注意到每个人的特点，即他们特殊的需求、局限、忧虑和乐趣所在。因为，即使是最亲密的伴侣，也不一定互相知道这些复杂的内在联系，你也无法肯定自己的价值观是否适用于对方。你有权持有自己的观点，但也要知道自己的观点也会有错。另外，要允许其他人认为不同的事情是重要的。

请看珍妮丝在最后一列填写的可替代性思维，这些想法帮助她得出两种重点突出的行动计划。

情境 在何时? 何地? 和谁? 当时发生了什么?	情绪 请用一个词总结用0—100分评估你的痛苦程度	自动化思维 在这种不愉快的感受产生之前和过程中，你在想什么?	固定思维模式	平衡的或 可替代性思维 重点突出可实施的行动计划
吉米撕烂了读书报告，这可是我们花了一个小时一起做的。	愤怒 70 无助 50	他恨我，故意这样做来伤害我。他以后不会有出息的。	个人化思维 灾难化思维	他也累了，没办法。 不是故意的。 别往心里去。 可以紧紧抱着他。 他会在生活中找到自己的位置的。

续表

情境 在何时？何地？和谁？当时发生了什么？	情绪 请用一个词总结用0—100分评估你的痛苦程度	自动化思维 在这种不愉快的感受产生之前和过程中，你在想什么？	固定思维模式	平衡的或可替代性思维 重点突出可实施的行动计划
老公刷信用卡买了三台新的空调。	生气 85	他太傻了。他毁了我们。我们无家可归了。生意是做不下去了。	灾难化思维	他尽力了。至少空调是打折买的。我们深爱彼此。我们离无家可归还远着呢。
在数学难题上逼得吉米太紧，把他弄哭了。	羞愧 70	我是个失败的母亲。是我搞砸了。	应该思维	在如此艰难的情况下，我已经尽力了。我并没有虐待或者不管他。
银行的信贷员让我一直等，还催促我，话都没让我说完。	生气 50 紧张 75	她能看出来我很绝望。她看不起我们，可怜我们。她应该给予我们帮助，而不是阻碍。	读心术 应该思维	她当时明显在忙。我承认当时我说了挺多闲话。下次我会把要说的话先写下来。

珍妮丝坚持写思想日志，学会了如何辨别自身的固定思维模式，并且能选择更好的替代反应。使用这个方法几周之后，你也一样能进步。

可以促进灵活思维产生的过程

目前，在本章节你已经使用了一些典型的认知行为技巧来发现、分析并质疑错误评估。这种传统的方式是基于一种有缺陷的模式，即"应该纠正错误的自动化思维"。而本章余下的部分将为你提供更加灵活的思维技巧，采用一种更加积极的心理学方法，它基于一种更广泛的模式，即"应该用更灵活的思维来平衡固定的自动思维"。

灵活思维是指分析问题，想出解决办法，评估和测试方法，以及将最优解应用于实践。本章节会帮你从几个新的视角来观察自动化思维，让你的思维更加灵活。

应对消极预设的灵活思维

当你习惯性用灾难化的固定思维模式时，实际上是对未来可能发生的事作出了消极的预设。以下是灵活应对消极预设的三种练习：

计算有效系数

有效系数（Allen，2008）是指预设成真的数量除以预设的总量。

要计算预设的有效系数，请问自己两个问题：

　　◎过去五年你做过多少次这个预设？

　　◎过去五年中这个预设有几次成真了？

案例　琼一直都很焦虑，觉得男朋友会离开她。在过去的五年中，她大概有过100次这样的顾虑。而在这期间，有几段恋情都是由她结束的，其中还有一段是双方和平分手。因此她的有效系数是0比100，也就是说系数为0。因此，她对被分手的顾虑完全是不成立的。

你也可以用有效系数来衡量预设的整体准确度。在过去一年中你有过多少消极的预设？又有多少最终实现了？琼就是通过这种分析方法，最终意识到即使她有过各种被分手的顾虑，而且当时感觉非常确信，但这些都只不过是想法，而不是现实。它们并不一定会发生，且事实上也从未发生过。

写预设日志

我们已经讨论了未发生的预设的准确性，接下来就来看一下发生了的预设又有多准确。当你每次开始担心某件事，或开始预设糟糕痛苦的结果时，在一个小笔记本上准确地记录你在担心何时会发生什么。记得留出空白，等事情发生的时候记录下来。定期去检查并更新预设日志，看一看这些预设的灾难是否发生了，并且在一段时间之后，将实际发生的结果写在每个预设下面。预设日志能让可能发生的问题变得没那么确定，当这些想法变得没那么绝对了，你也会少很多担忧。

案例　安妮主要用预设日志来记录她对自己6岁女儿的担忧。她对女儿遇到药物问题，和其他孩子的关系以及学习和行为等方面作出了最坏的预设。3个月之后，安妮记录的消极预设已有20多个。但其中只有一件真的发生了——她女儿在班里被传染了头虱症。经过不断写日志，安妮开始不那么在意自己的顾虑了，认为这些顾虑更多是一种偶然或者可能性，而不是可能发生的结局。安妮的顾虑变得更轻微，并没有以前那么严重可怕了。

弄清预设的目的

不论是物理行为还是心理行为，包括你的消极预设，背后都存在其目的。回顾一下思想日志中的预设，或者回忆一下你在过去几周做过的消极预设，你会发现这些想法都有同一个目的——降低不确定性。它们都试图让你对可能发生的坏事做好准备，以此来保证自身安全。

但是这真的有用吗？回想一下你的消极预设带来了什么。你会觉得更安全，对危险更有防备？还是只会感觉更害怕？对于大部分人来说，消极预设只会让他们更加焦虑，而不是感觉更安全。事实上，焦虑的程度通常与做预设花的时间成正比。

当你内心在做可怕的预设时，问问自己"这有用吗？"它会帮你解决掉未来不确定的事，还是只会让你更害怕？如果是后者，那就提醒自己，这些只是想法，不必当真。试着给它们命名，比如说："我又开始做'预设'，想'如果'问题，做'未来思考'了。"你可以注意到它们，但不要太在意。

针对应对能力的灵活思维

如果最坏的打算发生了，你该如何应对？可能你已经想到了崩溃或情难自控的悲伤场面，大脑可能在说："如果它发生了，我肯定受不了。"也许你的大脑会创造出对悲剧的全方位感受，让你觉得根本承受不了。最佳方法就是做最坏情况应对计划。

做最坏情况应对计划

准备几份下面的应对计划表。首先，先假设你最坏的预设已经发生了，比如得了癌症，丢了工作，或者关系破裂。试想如果自己正身处这样的危机，并试图与自己害怕的情况斗争，你会怎样应对？写下你的最坏预设。

接下来，以下几个问题可以帮你完成"行为应对"部分：你将采取什么行为来应对？面对危机，你具体会做什么？如果这是医疗上的问题，你会采取哪些措施来确保自己得到治疗、协商对接好工作，以及如何得到家人的帮助？如果你面对的是危及生命的难题，那么你将如何解决经济上的问题、家人的情感需求以及自身物理机能衰退的情况？又如果你面临的是经济问题，列出要削减开支、获得资金来源或者改变居住环境时应该采取的步骤。在这样的情况下，你的决定又是被哪些价值观引导的？

接下来，请完成"情绪应对"部分。你将如何去应对这次危机给你带来的情绪影响？回想一下你在此书中学到的技能，例如处理情绪爆发或者情绪回避的技巧，哪些又能够融合进情绪应对计划中呢？

下面是"认知应对"部分。请写下一些积极的想法，以驳倒自己常有的消极自述，并以此提醒自己是一个坚强、有能力的人。

最后，请完成"人际应对"部分。你能对他人做什么事、说什么话，以确保他们能更有效地帮助你？请把这些列出来。

应对计划表

最坏情况预设：

行为应对：_____

1._____

2._____

3._____

4._____

5._____

情绪应对：

1._____

2._____

3._____

4._____

5._____

认知应对：

1._____

2._____

3._____

4._____

5._____

人际应对：_____

完成了应对计划表之后，你对最坏情况预设的感觉有任何改变吗？恐惧的感觉更严重了还是减轻了？这种预设对你来说是不是没那么可怕？没那么让你不知所措了？

案例 安东尼曾认为自己的婚姻陷入了危机，因此陷入了长时间的担忧。他和妻子一同接受了夫妻治疗，但治疗带来了更多的矛盾。下面是安东尼的应对计划表。

安东尼的应对计划表

最坏情况预设：她宣布放弃，并表示已经找了律师准备离婚手续。

行为应对：

1.给自己找个律师。

2.向珍妮（女儿）解释一下情况，以防她害怕。

3.做一个临时的监护计划。

4.找一间两居室的公寓（这样珍妮也能有一个房间）。

情绪应对：

1.进行冥想。

2.去美丽的地方待一待——约塞米？

3.向朋友寻求帮助。

4.和珍妮一起做些有趣的事。

5.重新拾起摄影。

认知应对：

1.要记得我是有计划的。

2.尝试在新生活中找到积极力量。

3.试着接受这个事实：我们是不同的人，有不同的需求，我们也因此已经疏离好多年了。

人际应对：将我的愤怒转化为争取财产分割的果断，并尽力争取和珍妮待在一起的时间。

在完成应对表之后，安东尼惊讶地发现自己没有那么焦虑了。他仍然想维持这段婚姻，但这份应对计划减少了他想到婚姻破裂时的恐慌和压抑。

回顾之前的应对经历

有时回想你过去面对、解决危机的经历也很有用。过去你在应对哪些挑战的时候，效果超乎意料？请在纸上列出最主要的五件。接下来，写下你解决每一次危机的具体方法。你做了哪些让自己惊喜的事情，或者哪些与你以往面对危机时的处理方式不同？使用的有效方法中有没有共同点？

案例 在仔细回顾五次成功应对危机的经历后，丽娜发现其中的共性是，她都会果断地追求自己想要的。她不愿任人摆布，她在别的情况下也都是这样做的。这对丽娜来说很有启发性，因为她确实掌握了有效的应对技巧——她只是需要使用它们。

应对消极思考的灵活思维

若你把生活中所有的美好事物都过滤掉，专注于消极部分，这恰恰就是心情抑郁的原因。然而，你可以使用三种特定的灵活思维技巧来克服这种思维。

培养全局意识

专注于负面事物就像在吃饭时只注意自己不喜欢的食物。然而饭桌上其他的菜，或许你也会喜欢，却一点都没注意到。消极思考可以发生在无数种场景中，不论是一个假期、一段对话、一部电影、一段关系、一个工作、一处旧居，还是你如何度过明天。如果你专注于其消极的一面，事情将变得阴暗、悲伤。你会忘记，也不会期待任何开心的事情。

发展全局观就是克服这种认知习惯的一种方法，而且非常简单。当你说出或者是意识到自己对一件事有不满，那就再用一些事实来平衡这种想法，认可两件你喜欢或欣赏的事情。并且要制定一条规则，即在认可两个积极因素之前，你既不能想，也不能讨论消极的因素。

在寻找积极的因素时，可以考虑这些类别：

◎身体的愉悦／舒适

◎积极的情绪

◎休息／放松／舒缓／平静

◎满足感／成就感／认可感

◎有趣／兴奋／好玩的事情

◎从中学习到了什么

◎联结感／亲切感

◎被爱感／被欣赏感

◎有意义的／有价值的事

◎付出感

在一张索引卡上标上这10个类别，并随身携带。当你把一件事想得或说得很消极的时候，在这些类别中找到两个方面来提供正向的平衡。

案例 利亚讨厌去看她继母。在上次拜访过继母之后她跟丈夫抱怨，然后决定试一试全局意识。她吃惊地发现，积极因素列表中有几条是适用于她的：（1）继母做了好吃的糕点；（2）她和继母的柯利牧羊犬玩得很开心；（3）她喜欢和继母一起谈论她们都喜欢的电视节目。

全局意识需要你意识到事情并没有绝对的好坏。大部分事情都是包含多方面的因素，一些会让你感觉很好，一些不会。要把每件事都看作是愉快和不愉快的混合体，同时要考虑到这两方面，并且培养一种更加均衡、灵活的思维。

辩证思考

几乎每件糟糕、痛苦的事情中都蕴含着好的一面，遭受损失后也大多能有所收获，有所成长。失败和软弱的时刻也彰显着看似与其矛盾的力量和惊人的意志，创伤背后也常有生存的决心。

人的一生，常有痛苦、失败和失望。但如果你仔细观察，就会发现新天地。硬币不只有一面。但是专注于消极的一面，可能会阻碍你换个视角去看看积极的一面，而且永远都存在积极的一面。回想一下过去的伤痛，你会发现即使是最糟糕的时候，积极的因素或结果也往往如影随形。

现在就试试吧。在一张纸上列出三项你在过去经历过最严重的损失或失败。你已经熟知它们能带来的痛苦，但是现在请你看看积极的一面，从中找出下列的一个或多个现象：

◎发现自己学会了什么

◎找到新的力量或决心

◎欣赏他人的努力

◎接受能力更强；有放下的能力

◎发现新的自己

◎发现自己没意识到的爱意和支持

◎对自己解决问题，面对事情和挺过去的能力更加自信

◎有更深的价值感，更能认识到什么才是最重要的

把你从硬币的另一面发现的事情写下来，可以包含以上的情况，也可以是其他。

案例 莎娜做了这个练习，并回想到了自己悲惨的六年研究生生活。在这六年里，她曾极度抑郁，好几次几乎退学。但她仍然发现，她最好的朋友给了她坚定不移的支持，她也重新获得了意志力和毅力，学会如何照顾好自己的身体，并且有决心帮助其他痛苦的人。

找到关注消极面的目的

所有的行为，包括想法在内，都是有功能的。关注消极面的功能通常是以下四种之一：

◎释放已有的痛苦情绪

◎降低期待和失望

◎避免未来可能遇到的消极经历

◎用消极的自我评价试图让自己完美无瑕

想想自己反复陷入的消极想法，它们都有以上哪些功能？当然，也许你会发现这些功能并不完全适用于你的情况也很正常。

问题的关键是，这些消极想法起到该起的作用了吗？它们有为你缓解痛苦、减少失望、预防伤痛，或是使你变得更好了吗？如果没有，那就证明它们并没有发挥作用。事实是，大多数过于关注消极面的人，并不会从中受益。这样非但不会减轻什么，相反只会带来更多的痛苦和失望，因为它们会让你一直想哪里出了错。矛盾的是，它们似乎不能避免痛苦的事情发生，因为这就是它们全部的关注所在。并且，这些自我批评的思想会让人觉得自己更差，而非更好。

所以，当你发现自己专注于消极情绪的时候，问问自己"这样有用吗，有起到任何帮助我的作用吗？"如果答案是否定的，那就承认它，并给它打上标签（"这是我认为'生活不如意'的想法"），然后忘掉它。当然它也会卷土重来，那就不断给它打标签，直到释然。最终，这些想法就会变得没那么重要，没那么有说服力了。

应对读心术和消极归因的灵活思维

人类会探索事情发生的原因，因为如果你能把一件事解释清楚，就证明你能够控制或预测它。问题是，同样的情况或行为通常能用不同的方法来解释。那些模棱两可的行为，比如某人皱眉、耸肩，或者是挪远了一些等情况，更是如此。你会忍不住试图去解读这些情况，即使你不能完全明白这意味着什么。而且，如果你对其有消极的误读，你通常会把这些行为解读为拒绝或者不悦的信号。

当真的发生一些糟糕的事情时，比如你被辞了，孩子生病了，或者爱你的人离开了，才是最需要解释的时候。然而消极的误读总会让你成为错误的一方，你会把这些事情都归结于自身犯的错。

一旦你有一个倾向的答案，你的大脑就会紧抓住它不放。认知灵活性训练会减轻你对消极归因的执着。我们鼓励你对同样的事情进行更多的解释，并且通过了解他人的想法来探索更多的事实情况，避免抓住其中一个解释不放。让我们来探索一下这些过程。

寻找替代解释

当你用消极归因来回答为什么的问题时，比如认为一件事都怪自己，或者认为别人对你印象不好，那就填写下面的替代解释表。简单地描述一下情况，并把你的消极归因作为情况的起因。接着请动脑想5到10条其他有可能的解释。例如，某人皱眉也许意味着他累了、无聊了、在想说什么、想起了不开心的回忆、身体突然疼痛、想回家了或者是在担忧什么等等。如果这奏效，你可以给每个替代解释的可能性打分，采用三分制：1代表可能性很小，2代表有点可能，3代表很可能。

替代解释表

事件：

归因：

替代解释	可能性
1.	

续表

替代解释	可能性
2.	
3.	
4.	
5.	
6.	
7.	
8.	
9.	
10.	

每当你作出消极归因时，就想一下其他的替代解释。这一点很重要，因为这能降低消极归因的绝对性。当你没那么坚信这个原因时，你的思维将变得更加灵活，而且在同一件事中能看到更多不同的观点。

案例 下面是萨姆的替代解释表，我们一起看下这个表是怎么填写的。

事件：他们让我找四个小客户，然后交接给其他销售员。

归因：他们认为我退步了，工作做得不好。

替代解释	可能性
1.新来的初级销售员需要一些建立好的客户来起步	2
2.我在小客户上放了太少的精力，我需要把注意力集中在大头	2

替代解释	可能性
3.他们准备让我做经理	1
4.我的业绩有些下滑，这就是警告	3
5.今年每个人的业绩都下滑了，他们准备让更有效率的销售员对接更有潜力的客户	3

　　萨姆的替代解释不止这五条，但是这就足以让你明白了。他已经能展开自己的思维，没那么拘泥于原来的归因了。

　　探索并存的现实

　　有时能了解其他人在想什么也很有用，因为对同一件事情，他们的视角也许大有不同。当你发现自己太执着于消极归因，那就找一找这件事的其他见证人。问一问对于那个意义不明的皱眉、解雇、奇怪的话或突然的退出，他们是怎么想的。如果你不能找到经历过这件事的见证人，就找一位能共情的朋友，告诉他发生了什么，并询问他的看法。有时谁的行为让你疑惑了，你也可以问一问他们本人。如果你从别人那里得到一两个看法，就把它们写在替代解释表中，并给它们的可能性打分。

　　当萨姆告诉另一位销售员他的客户被重新分配了，他意外地发现这位销售也经历了同样的事。这位销售员认为小客户耗时长，收益小，或许公司不想再为他们提供服务了。萨姆随即把这一条加入了自己的解释表里。

　　针对应该思维的灵活思维

　　拥有价值观很重要，即那些能为你提供生活指导的重要原则。但是必须在具体的情境中对它们进行理解。如果真诚在某一特定情况下会带来不必要的损失，那坦率和诚实的价值观应该让位于被爱这一价值观。因此，要灵活应用价值观，根据每个人的需要和情况来具体处理。

　　规则和应该思维是另一回事。应该思维坚持认为你以及他人无论何时都要以特定方式行事。规则也并不灵活，太拘泥于规则的行为会给你带来麻烦，因为它常常让你与其他人的规则或需求发生冲突。由于这两者都很绝对，即适用于任何时候、任何人，因此，当规则被打破时，我们常常会给自己或他人贴上消极标签。这就会带来愤怒、负罪感、羞耻感和抑郁等情绪，若规则和应该感更具灵活性，这将会减轻这些痛苦的感觉。为削弱应该感，提高认知灵活性，可以将"应该"表达为一种偏向，而非绝对规则。可以用"更好"来代替"本应""应该"或者"必须"。

◎"你应该更努力工作"改为"我觉得你工作更努力点会更好"。

◎"我绝不该表现出害怕"改为"我不表现出害怕的话会更好"。

◎"我必须看上去很自信"改为"我更喜欢自己自信的样子"。

◎"你绝不该迟到"改为"我觉得你不迟到的话会更好"。

注意，"更好"会弱化"应该"表示的绝对感，将规则转化为个人的想法。立刻开始这样做吧，每次当你说出应该的时候，请立刻将句子重述为偏向性的表达。

已经掌握的灵活思维技巧

另一种提高思维灵活性的方法是意识到你已有的优势，并在此基础上发展。在生活中，你认为自己在哪方面做得很好？在职场和校园里，你是否很擅长解决问题？在棒球场或篮球场上，你是否运筹帷幄？你是否擅长填字游戏，或者数独？你是否在记忆历史事件和电影情节上有天赋？你能修理东西或不看菜谱做饭吗？对他人而言，你是不是一个忠诚的、乐于助人的朋友呢？

你可以填写灵活思维记录表，来记录你成功解决问题的情况。请记下那些最初很糟糕，但多亏你的灵活思维而最终好转的事情。记下在过去你把棘手问题解决得很好的时刻。请用下面的表格来描述问题情境、情绪、灵活思维、解决方法和积极结果。

灵活思维记录表

问题情境	情绪	灵活思维	解决方法	积极结果

案例 杰克曾是一名酒保、吉他手以及兼职DJ。他因为缺钱、不得志以及和自己的妻子及女儿詹妮分离而感到抑郁。他花了几周才开始抽时间做这个测试，但之后他惊讶地发现这个练习对他有很大的帮助。以下是他的一些记录：

问题情境	情绪	灵活思维	解决方法	积极结果
酒吧太忙了，我简直分身乏术，醉汉喧哗大闹	生气，烦躁	我该怎么改变局面？谁能帮我？	幽默地化解情况，让醉汉的朋友来安抚他。	酒吧又恢复了平静，醉汉走了，我也拿到了不少小费。
感恩节那天，在岳母家吃的晚餐，妻子因为迟迟不开饭而感到心烦意乱，詹妮有点暴躁	焦虑	如果我能让詹妮开心起来，孩子妈妈也会跟着开心。詹妮喜欢什么呢？	我开始弹吉他，唱詹妮最喜欢的那首歌。	詹妮跟着一起唱，妻子也在一旁笑着，情绪放松下来了。
在社区筹款会上做调音师，雨夜，参与的人少得可怜	沮丧，焦虑	用音乐调动他们。	转向漫步雨曲，急雨曲，慢慢舞蹈，又快活地舞起来。让我的语调一直保持轻盈快乐。	人们开始跳舞。毕竟这场派对并不差劲。

在什么情况下，你能思考得更灵活，更透彻？怎样把这些技巧运用到生活中其他不太擅长的领域呢？

完成灵活思维记录表后，杰克发现，在少部分不快乐和自我矛盾的人中，他做得还算好的。他挺擅长从自己的消极想法和情绪中走出来，然后找到办法以改善自身和他人的情况。他对情绪持有直觉，为人幽默诙谐，富有感染力，能得到他人响应。

另外，他留意到自己在小群体会很有毅力。尽管周边环境动荡，他也能坚守岗位，尽到责任，兼顾计划。他意识到自己可以把这种技能和毅力，应用到他停滞的事业中。他加入了一个"摆脱债务"互助组，并开始寻找一位有商业能力的伙伴和他一起开家夜店。

除了认识并发展你的长处外，变得成功的最后一招就是找到且多做你热爱的事情。这非常简单，比如在喜欢的事上多花时间，忽略掉时间的流逝，或者是深入钻研自己的爱好。你可以学一门课、开个会、看看网络教程，买本实用指南、加入俱乐部、旅旅游、买点生活必需品或美术用品、参与一项科学研究，或成为一名志愿者等。只要这件事能让你深入发展爱好和特长，就去做。

于是杰克花更多的时间听音乐，新歌老歌都听；他弹吉他也弹得更勤了，和玩音乐的朋友待在一起的时间也更久了。随着抑郁减轻，他甚至和妻子相处得更好了，也更常去看詹妮了。

你的灵活思维技巧又能带给你什么呢？

总结

在本章，你学到了如何去辨别、反驳、纠正自己的认知误判，将其替代成更加积极、灵活的思维。经常使用这些方法，你的痛苦情绪将得到极大的缓解，也会让你从更为积极的角度来审视自身、他人和生活。

接下来，请回到评估章节，看下你在《综合应对量表》（CCI-55）中下一个得分最高的地方，分数会指引你接下来该阅读的章节。

8

自尊：
从自我责备到
自我关怀

你在《综合应对量表》（CCI-55）的第8部分得分高，这说明你倾向于将自己感受到的任何痛苦都归咎于自己，因此自尊较低。自尊意味着你喜欢、能接纳自己，并对自己怀有善意。它意味着你承认自己会犯错误，尤其在身处压力时，可能会时不时地犯错。自尊让你得以在任何情况下按照价值观尽力活出自我，像对待自己一样对待他人。相反，当你自尊较低时，你会不断因为自己的缺点和失败而责怪自己，而不是自我关怀。自责由多种原因造成：基因构成、早期家族史，或是一些后天的创伤经历。无论是什么原因，通过运用本章的改变过程，可以减少自责，并培养自我关怀。首先你将会学到自责的作用和原理，以及它们持续存在的原因。接着，你可以做一些有效的测试来发现并克服自责想法。最后，你将学习如何通过对他人的关怀来培养对自己的关怀。

自责：是什么

自责的定义相当明了，它是指针对生活中出现的错误而责怪自己的模式。但自责想法的功能是什么？

"我要搞砸了……""我听起来好傻……""都是我的错……"
"傻瓜……""废物……""完蛋了……""我永远学不会……"

"我活该……"

这些评判和批评会让任何人感到痛苦，更不用说是自己了，它们真的很伤人。既然这些自责的想法如此令人痛苦，那为什么你不停止使用它们呢？为什么这些想法会一直存在？

因为自责想法一定能带来一些好处或回报，不然人们也不会日复一日，年复一年地自责。它们存在，是因为有以下其中一个或全部的作用。

1. 自责可以在事情发展不顺时用来避免悲伤、失望和失落感。你会用对自身的愤怒来掩盖这些消极情绪。

2. 自责会制造掌控的错觉。如果你对自己评价和抨击得足够多，就能停止犯错，生活也会一帆风顺。

3. 自责可以惩罚自己。当事情发展不顺时，你会觉得你应该被惩罚，所以你以此惩罚自己。

幸运的是，在生活中我们可以减少自责，接下来我们就来聊聊这个。

减少自责的过程

简而言之，减少自责的过程就是要对自我责备的想法进行统计、质疑和权衡证据。我们会带你完成以下练习。

统计自责想法

减少自责的第一步就是统计你曾有过的自责想法，及其产生的频率。请坚持做一周下面的自责想法统计表。

自责想法统计表

情境 何 时？何 地？何 人？发生了什么？	情绪 请用一个词总结， 并从0—100中选 一个数字打分	自责想法 你在不良情绪产生 之前和产生时的 想法	发生率 每当有这样的想法 时，就做一次标记

案例 22岁的奥黛丽从大学辍学了，现在在男朋友保罗的汽修店里做兼职。保罗经常对她暴力相向，为此她很担心是否要告诉保罗她怀孕了。以下是奥黛丽的自责想法统计表：

情境 何 时？何 地？何 人？发生了什么？	情绪 请用一个词总结， 并从0—100中选 一个数字打分	自责想法 你在不良情绪产生 之前和产生时的 想法	发生率 每当有这样的想法 时，就做一次标记
工作的时候，保罗 批评我了	惭愧 65 一无是处 70	我什么都做不好	5次
早上恶心，闻到食 物，白天呕吐	无助 90 害怕 85	我应该告诉他我怀 孕了，他会离开我 的，我真傻	4次
帮琼准备毕业派对	嫉妒 40	她稳步前进，我是 个失败者	3次

质疑自责想法

针对你每个反复出现的自责想法，问自己三个问题：

1. 这个自责想法存在有多久了？尽量回想一下你最早什么时候有这个想法的。

奥黛丽问自己这些自责的想法有多久了，她才意识到这些想法和她现男友，甚至是和她怀孕都没什么关系。从小当她妈妈或者老师批评她的时候，她就会觉得自己一无是处，会责怪自己无能。

2. 这个想法的作用是什么？想一想这个想法的目的是什么。可能是为了避免某事，保护自己免受伤害，抑或是为了某事惩罚自己。

在奥黛丽的例子中，她意识到自己的自责想法不过是用过去的错误来惩罚自身，然后督促自己做得更好。

3. 这个想法为我带来了什么？检验一下这个想法是否很好地保护了你，是否避免了某些情况，或者是否起到了惩罚自己的作用。

奥黛丽自责的想法从来没有起过什么作用。这些想法并没有激励她做得更好，反而挫败了她，让她停滞不前。

权衡自责想法的证据

另一个处理自动化思维的过程就是去权衡。在下面的表格中列出一些之前或最近记录在表中的情况、情绪，以及统计表中的那些自责想法。这次，在第四列里写下每个自责想法的支持证据。这个想法在当时的情况下有何意义？它出现的合理理由是什么？

在第五列写下每个自责想法的反对证据。这些想法是怎么不成立的？它和事实情况，和你自己与他人的真实情况是如何冲突的？

在第六列写下平衡的或可替代性的想法，那些有强有力的证据作支撑且在当下说得通的想法。重点突出那些可以提出行动计划的平衡的或可替代性的想法，你可以在生活中执行它们。

在最后一列，重新对情绪打分，请注意它们的强度是否降低了。

权衡自责想法的证据

情境 何时？何地？何人？发生了什么？	情绪 请用一个词总结，并从0—100中选一个数字打分	自责想法 你在不良情绪产生之前和产生时的想法	支持证据	反对证据	平衡的或可替代性的想法 重点突出可实施的行动计划	重新为情绪打分（0—100）

案例 菲利西亚经营的小服装店遭遇了资金困难。她儿子吉米患有阅读障碍和多动症，无法正常上学。菲利西亚最喜欢用来应对自责想法的方法就是权衡证据。她高中时是辩论队的，那时候她就喜欢这样的过程：把一个辩题拆解为支持它的证据和反驳它的证据。以下是她的一些记录：

情境 何时？何地？何人？发生了什么？	情绪 请用一个词总结，并从0—100中选一个数字打分	自责想法 你在不良情绪产生之前和产生时的想法	支持证据	反对证据	平衡的或可替代性的想法 重点突出可实施的行动计划	重新为情绪打分（0—100）
在银行申请贷款。工作人员皱眉了。	生气 50 紧张 75	她能看出来我很绝望，觉得我不配贷款。 我再也不会为自己贷款了。	她和我没有眼神交流，一句话都不让我说完，一直望着前面那位女士。	她把正确的表单给我，告诉我如何填写。有一次她对我微笑着说："抱歉，我们这会儿太忙了。"	我无法得知她的真实想法。不要再揣摩她的心思了。专心填写申请。静观其变。	

续表

情境 何时？何地？何人？发生了什么？	情绪 请用一个词总结，并从0—100中选一个数字打分	自责想法 你在不良情绪产生之前和产生时的想法	支持证据	反对证据	平衡的或可替代性的想法 重点突出可实施的行动计划	重新为情绪打分（0—100）
学校辅导员请我去学校见面，聊聊吉米在学校的表现。	担心 85 负罪感 70	这是我的错，我本可以多帮帮他的。 他在学校的表现和我一样不好。	他成绩更差了，在课堂上仍会捣乱。	他挺擅长艺术项目，在家完成许多额外作业。 他在学校还是有很多方面都做得比我强。	我们俩都尽力了。 把孩子的艺术作品带去给辅导员看。	
丈夫说我们该给吉米请一名家教了。	生气 60 负罪感 60	我是个无能的母亲。 都是我的错，负担不起。	他说的时候很紧张，总看向别处。 银行账单，以及其他的账单。	丈夫说我能帮吉米很多，只是我没时间。 丈夫说他祖母可以帮忙。	这是他帮忙解决问题的方法。 耐心倾听他的话，给祖母打电话，不要把这事都揽在自己身上。	

　　和菲利西亚一样，你可能也会发现，这个测试能极大地帮助你减少自责的倾向，为你打开自我关怀的大门。

提高自我关怀的过程

　　对自我和对他人的关怀好似一枚硬币的两面。正视自己的痛苦，以及不带评价地正视他人的苦痛都不容易。相比于积极地对自己和他人滋生关怀，我们更容易消极地作出"许愿和祷告"。本部分介绍的过程会有助于你发展这些技巧。

关怀记录表

将一张卡片或一张纸连续带在身边一周。在一面标上"他人",用它来记录你接收到的所有善意、支持或直接的爱意。每当有人向你问好、夸赞你、对你微笑、送你东西、帮助你或者关注你的感受等,你都可以记录下来。你每天的目标可不仅仅就为了记下这些善意的小举动,也是为了让你对其怀有感激之情。

在卡片或纸张的另一面标上"自我"。每次你对他人或自己做了一些善意的、支持的,或者充满爱意的举动时,就记录在这一面。坚持记录自己注意到他人感受、帮助他人或赞美他人的次数。也要记下自己为自己做了什么事情,对自己有什么善意的想法。

几天之后,看看自己做得如何了。如果你和大多数自责之人一样,那么你在"他人"这一面写的内容会更加丰富,然而在"自我"那面的内容会很少,并且你对自己感受到或表达同情的例子会更少。如果你就是这样的,那么你需要做的就是把自我关怀付诸实践。那么这周接下来日子里,以及下一周内,每天重复一次:

◎做一些你不太常做的事情,一些会令你感到特别的事。你可以闭上眼睛听歌,其他事一概不管;或在街上漫步;也可以慢慢地把护手霜涂满自己的胳膊和手掌;坐在一个安静的地方,品品茶或喝点鲜榨果汁;去商店或画廊逛逛,欣赏美丽的事物。

◎不要去碰可能会让你上瘾的事,比如喝酒、看网络色情片或者购物。

◎告诉自己"这是个特殊的时刻,只为我一人。这对我来说是很好的事情,我值得。我在向自我表达关怀和爱的善意,就像我希望他人对我的那样。"

◎在"自我"那一页面，写下当天你的自我关怀行为。

案例 杰克逊开始写关怀日记时，看到"他人"这一面，他发现自己低估了他人为自己所做的善事，对自己说的好话。当他每天都写日记时，才发现自己身边到处充斥着关怀，但自己却在大部分情况下对此毫无察觉。在"自我"这一面，他确实努力对他人施加过几次同情。写日记可以提醒他更好地注意他人的感受和境遇，并且对他人表达更多的感谢。

在杰克逊的日记中，"自我"一面几乎没有关怀自身的记录，于是他决定每次至少专门为自己做一件事，然后记录在关怀日记里。有一天，他不像往常一般敷衍地冲了澡，而是花时间好好洗了一次。他在浴缸里放松地听着手机里自己最爱的朋克老歌。又过了几天，他做了下面的自我关怀身体扫描。渐渐地，他知道如何去真正地体谅自己，以减轻自责。

自我关怀身体扫描

这个练习会让你更加关爱自己的身体。

> 找一个自己不会被打扰的时间，仰躺在一个舒服的地方，有意地去关怀自己。如果你想的话，也可以给自己盖上毯子，舒展四肢，闭上眼睛。
>
> 缓慢地吸气，呼气，注意自己胸腹的起伏。接着，逐渐扫描你的整个身体。从脚到脚踝、小腿，一路慢慢地到头部。留意皮肤上传来的任何感受，注意身体上受重力作用的部分，注意身体和身下物体的接触面。无论你是否感到舒适，或者没有感觉，都要充满爱和善意地接受。
>
> 你并非在试图做什么或修复什么，你只是留意并接受身体中正

在发生的一切。手放在心口上，想象自己的每次吸气都会摄入一股温暖的善意。想象自己的每次呼气都会带走紧张，带走消极、自责的想法。

你会感到无比惬意，以至于睡着。没关系，允许自己享受一下这次小憩。你的注意力肯定会被分散，这也没关系。你只需将注意力集中到呼吸上，对自己温柔一些，不要因犯错而责备自己。

在结束这一环节之际，你得感谢自己的身体，感谢它日复一日对你的支持，让你能一路走下去。最后，张开双眼，重新适应一下周边环境，然后以焕然一新的状态醒来。

关怀脆弱的自我

在这个练习中，你会扮演一个善良、聪慧和坚强的人格。从这个视角来看，你会观察过去身陷困境的自己，因此对自己感到同情并渴望帮到自己。

在一把舒适的椅子上坐直。闭上眼睛，集中注意力，慢慢地吸气，呼气，如此持续一段时间。

让平静、温暖和力量充斥身体。让嘴唇绽放善意的微笑。想象一下，你的身体正充满了一股强烈的善意，也充斥着你帮助自己和他人的决心。感受一下，这种决心正在你的体内生长。

试想在这种动力的驱使下，你充满了智慧，变得善解人意。你也能灵活地思考，从多个角度观察事情，并且在任何情况下都能找到出路。

伴随着这种智慧的是强烈的自信和勇敢。你知道无论发生了什么，你都能解决。你知道，你可以给自己和他人施予真正的帮助。

想想自己最近在纠结的事，一件真的让你感到焦虑、恐惧和自责的事情。试想你现在就亲眼看着自己在这些压力下苦苦挣扎。你知晓了一切前因后果，也知道你和他人的所作所为，但这次的你聪明、坚强又富有同情心，从外在观测者的角度来经历整个事情。

从这种善意的、明智又自信的视角来看问题，能让你被自身遭遇的痛苦所触动，并且对过去那个脆弱的自己产生怜悯。注意观察自己在这种充满压力的艰难时刻是如何努力应对的。你要意识到，你的恐惧、压抑和愤怒，你的歇斯底里和唯唯诺诺，你伤害或挫败自身的做法，都是完全情有可原的。

想象一下，这个坚强又富有同情心的你会陪伴过去那个脆弱的你。想想你就站在自己的身旁，彼此能相互看见和听到对方。那么请想一想，你会如何对待那个脆弱的你。你比任何人都了解自己，了解自己的需求和感受。你又会如何帮助脆弱的自己呢？

想象那个富有同情心的你就坐在那个脆弱的你身旁，向对方传递善意，理解和支持。你能理解，自己正在遭受什么，知道这有多艰难。

允许享受这一切，想象被善意、支持与鼓励充斥全身的感觉。

从另一个自己的角度，你想让脆弱的自己明白什么道理？

待结束之际，思绪回到现实环境中，然后睁开双眼。

（摘自《慈悲聚焦疗法简析：临床医师实践指南》）

有一种类似的练习叫作受施法冥想，是一种传统的藏传佛教技巧，非常适合培养自我关怀能力。受施法不是对过去脆弱的自己表示关怀，而是让你对当前正在受苦的自己——即普通的自己——表示关怀。

写封关怀信

假若你对冥想练习不感兴趣，这个练习就是一个很好的替代品。你可以给自己写一封关怀信，在感到压力和又想自责时，拿出来反复阅读。

◎假装你是自己的挚友或兄弟姐妹，他们随时与你同在，在任何情况下都支持你，无条件地爱你。从这些人的视角出发，按照下面的格式给你自己写一封信。

◎首先，写上名字。这个名字可以是你常用的真名、昵称或你希望朋友对你的称呼，比如"亲爱的"或"我最亲爱的"。

◎在下一行简要地描述一个会令你自责的压力场景。

◎在后面一行写上你在此情景中会有的典型情绪。

◎"但是"开头的这一行是最重要的部分，此刻想象一下挚友会如何向你表达爱意、接纳和支持。要从积极的视角写，这个人他应该对你只有真正的关怀，对你的沮丧、愤怒和恐惧感同身受，他知道你的世界将因此变得多么黑暗，他懂得你的全部，原谅你的所有，他无论如何都会爱你，支持你。

◎如果这个填空的模板对你来说不合适，你可以用自己的模式写一封信。但要确保它能包含以下的关键部分：诱因；情绪；自责的想法；对爱意、接纳和支持的表述。

亲爱的 <u>（你的名字）</u>：

我知道，当（让你感到压力的情况发生时）＿＿＿＿＿＿＿＿＿＿＿

你觉得（情绪）＿＿＿＿＿＿＿＿＿＿＿＿＿＿＿＿＿＿＿＿＿＿＿

而且，你会这样责备自己：＿＿＿＿＿＿＿＿＿＿＿＿＿＿＿＿＿

但是，＿＿＿＿＿＿＿＿＿＿＿＿＿＿＿＿＿＿＿＿＿＿＿＿＿＿＿

＿＿＿＿＿＿＿＿＿＿＿＿＿＿＿＿＿＿＿＿＿＿＿＿＿＿＿＿＿＿＿

＿＿＿＿＿＿＿＿＿＿＿＿＿＿＿＿＿＿＿＿＿＿＿＿＿＿＿＿＿＿＿

＿＿＿＿＿＿＿＿＿＿＿＿＿＿＿＿＿＿＿＿＿＿＿＿＿＿＿＿＿＿＿

＿＿＿＿＿＿＿＿＿＿＿＿＿＿＿＿＿＿＿＿＿＿＿＿＿＿＿＿＿＿＿

爱你的，

你永远的朋友

如果你愿意，也可以给这封信中再增加一段，或者增加多少段都行，描述另一个引发自我责备的压力情境。把信写完之后，放在一旁等待几个小时，或者等到明天再读它。假装自己是第一次读这封信，认真阅读其中的每个字句。充分理解信中传递的信息：不管你的过去如何，你有何缺陷或者做了什么选择，你都值得被爱、被尊重。

案例 露安妮是机动车管理局的一名职员，也是一名单亲妈妈，她偶尔还会酗酒。她的女儿患有严重的过敏症和阅读障碍。她写的信是这样的：

亲爱的露安妮：

我知道，当桑切斯先生在工作中因为你做错事或做事慢而吼了你的时候，

你感到很沮丧。

而且，你会这样责备自己：我真笨，真没用。

但是，我也知道你已经全力以赴了，这项工作本来就困难复杂，而且客户也很焦躁，不理解工作制度。你能坚持这份工作，我很欣赏你的毅力。

并且

我知道,当学校因为邦妮的成绩不理想,上课分心,旷课而叫家长的时候,

你感到悲伤、内疚。

而且,你会这样责备自己:都是我的错,我辜负了孩子。

但是,你确实已经尝试了很多方法来帮助孩子学习。你们共同面对生活中的困难,解决了很多棘手的问题。无论邦妮这学上得如何,我都会爱你、支持你。我永远都在你身边。

并且

我知道,当所有压力都向你袭来时,你快被压垮了,

你感到绝望无比。

而且,你会这样责备自己:我筋疲力尽了,感觉不对劲。我需要喝酒来麻痹痛苦。

但是,在我看来,你每时每刻都在尽力而为,有时候,你需要放松一阵子。你也知道请病假,喝酒并不符合你或邦妮的价值观念,而且你一直在努力作出改变。请记住:没有什么事能糟糕到让我减少对你的爱。我会一直与你同在。

爱你的,

一生挚友

关怀的比例

你可能觉得你的自责的想法似乎一直适用于发生在你身上的所有事。但事实并非如此。在这个自我关怀测试中,你会系统地对这些比例进行拆分。首先,你要填写以下四个句子:

我会责备自己的一个缺点是_____。

我在_____的时间里会展现出这种缺点。

我尤其会在以下这些领域展现这种缺点：_____

_____。

（家庭、人际关系、育儿、朋友、工作、学习／培训、娱乐、精神、公民义务、保健）

我有这样的缺点是因为我在过往的经历中受到了这些影响：_____

_____。

接着思考以下三个问题：

　　◎当你不再暴露这个缺点的时候，你还是那个你吗？

　　◎当你因为远离这些诱因而不再表露这种缺点时，这时的你又会是谁？

　　◎想想自己的基因、早期家庭的经历以及生活中无法避免的创伤，你还会把一切都怪罪于这个缺点吗？

思考了这些问题之后，写一份更加关怀自己的自我描述，并且仔细考虑一下百分比：

_____

_____

_____

案例　下面是珍的练习。

我会责备自己的一个缺点是害羞和畏缩。_____

我在__35%__的时间里会展现出这种缺点。

我尤其会在以下这些领域展现这种缺点：<u>和可以做朋友的人在一起时；和同事在一起时；和老师在一起时。</u>

我有这样的缺点是因为我在过往的经历中受到了这些影响：<u>母亲对我百般挑剔；缺乏父亲陪伴；兄弟比我优秀太多；和拉里的分手糟糕至极。</u>

一份更加关怀自己的自我描述应该是：<u>我只有35%的时候表现得害羞和畏畏缩缩的，尤其是在和陌生男子、不太熟悉的同事，以及像教授这种权威人物在一起时。大部分的时间里我并不害羞，尤其是在和老朋友和姐姐凯特相处时。考虑到我内向的性格，我的家庭教育以及拉里甩了我的事，这些都解释得通了。</u>

编写独属于你的自我关怀口头禅

几个世纪以来，疗愈师、心灵导师、心理学家和励志演讲家们一直在推崇对自己重复简短又积极的话语。不管你怎么称呼它们——口头禅、口号、打气话语、自我肯定、祷文、座右铭或使命宣言——这些简短的话语蕴藏着巨大的力量。

以克莉丝汀·内夫为例，她的体谅**口**头禅是：痛苦只是一时的。人生哪会一帆风顺。此刻，对自己好一点吧！此刻，对自己施以关怀吧！

每当你意识到自己陷入自我责备的时候，就可以引用这一口头禅，或自己想出一段来对自己说。

自我关怀日记

在接下来的七天，每天都记录一次过去24小时内最让你自责的事情。可以是你参与的现实事件，你接收到的信息，或者只是心理或情感经历。应该包括事情、想法、感受以及自责的方式。

最后，用富有关怀的话语对这些经历进行回复。请包括以下三点：

　　1.作为一个人类，我注定会遭受这样的经历。

　　2.我能注意到自责的想法，然后让它们自然消散。

　　3.我可以练习向自己传递爱意和善意。

自我关怀日记

经历	我是如何责备自己的	富有关怀的回复
		作为一个人类，我注定会遭受这样的经历。 我能注意到自责的想法，然后让它们自然消散。 我可以练习向自己传递爱意和善意。
		作为一个人类，我注定会遭受这样的经历。 我可以注意到自责的想法，然后让它们自然消散。 我可以练习向自己传递爱意和善意。
		作为一个人类，我注定会遭受这样的经历。 我可以注意到自责的想法，然后让它们自然消散。 我可以练习向自己传递爱意和善意。

总结

　　在本章中，你会发现自责的方式有很多种。接下来，通过冥想和书面练习的方式，培养对自己和他人的关怀能力，如此你会找到将自责变为自尊的方法。现在，为自己所做的努力和取得的成果而自豪吧！

　　接下来，请回到评估章节，看下你在《综合应对量表》（CCI-55）中下一个得分最高的地方，分数会指引你接下来该阅读的章节。

9

耐心：
从指责他人到
同情他人

你跳到这一章，是因为你在《综合应对量表》（CCI-55）第9部分"指责他人"中得分很高。"指责他人"在心理学中被称为外化，是一种对羞耻、恐惧、尴尬、失落或失败等情绪的应对方式。你倾向于把自己的痛苦归咎于他人的行为，觉得这都是他们的错、他们的过失和故意为之。外化帮助你在面对痛苦时不用指责自己，然而，其缺点是会让你滋生怒气，感到无助。

　　在外化部分得分高表明你对他人的行为有强烈的愤怒和不满。愤怒会损害你的健康，最终可能导致抑郁。在本章中，你将学习到一些经过验证的技巧，将自己的痛苦"外化"，转化为耐心和同情。

外化是什么

　　外化是一种应对机制，它能让你在面对痛苦时少点愧疚与自责。并且，它将让你在解决问题上不抱有责任感。你通过指责他人，将一切过错和责任都归咎于他们，而你自身却成为了受害者，毫无过错，且任何羞耻与挫败感都被理所当然地掩埋。

　　外化，或者说将自身痛苦归咎于他人，往往会滋生愤怒。长此以往，其必发展成慢性愤怒。慢性愤怒的驱动因素可以用一个简单的公式来理解：痛苦+责备=外化/愤怒。没有责备的痛苦不会引发愤怒，酿成负面后果。没有痛苦的责备不过是头脑犯冲的表现。所以同时具备两者才能产生外化。世事万千，总有一物，会让人痛心入骨，而你却将自身的苦痛归咎于他人的存心和过错。

外化所导致的严重后果有：（1）破坏和失去人际关系，（2）产生慢性生理反应，影响健康，提高各种原因的死亡率（Shekelle et al., 1983），（3）因对自身痛苦和问题的无能为力，而愈发感到无助和忧郁。接下来的方法将使你远离这些后果，更有同情心地生活。

减少外化的过程

将在本章学到的技巧是基于两种心理学方法：认知和放松应对技巧（CRCS）和反向行为方法。

广泛的研究表明，CRCS 在缓解由外化引起的慢性愤怒和减轻责备心态方面非常有效（Deffenbacher, 1988, 1993, 1994; Deffenbache & McKay, 2000）。CRCS 可以显著降低愤怒的发作次数和强度，同时改善人际关系和提高人际关系满意度（Deffenbacher et al., 1996）。通过显著减少慢性愤怒和外化，CRCS 不仅可以帮助改善你的人际关系和情感幸福度，而且，正如你上面所看到的，还能降低相关负面生理结果的风险。

反向行为（Linehan, 1993）——通过增加善意和同情——不仅会减少愤怒，而且能增加共情反应的频率，从而建立一个新的、可接受的框架来深刻地改变你生活中每个领域的关系。我们将在本章的最后一部分集中讨论反向行为。

控制愤怒需要四种技能——识别愤怒、放松愤怒（释放）、愤怒重组（改变引发愤怒的想法）和非暴力沟通。让我们从第一步开始：注意你的愤怒和当时的选择。

识别愤怒

触发愤怒的危险信号是什么？想想你最近发怒的场景。感到愤怒时，你第一时间注意到什么？你有过以下感受吗？

◎ 体内发热

◎ 腹部、手臂或拳头紧绷

◎ 心率上升，呼吸加速

◎ 冲动袭来，攻击欲上涨

◎ 感觉自己一直以来都是受害者，伺机报复

◎ 其他＿＿＿＿＿＿＿＿＿＿＿＿＿＿＿＿＿

愤怒迹象。这些标记，无论你识别出哪个，都是愤怒的信号。找出那些最符合你在愤怒时会做的事情。当愤怒爆发时，这些是你的所想所做吗？如果你有其他或不同的愤怒迹象，把它们写在"其他"那一行。

控制愤怒的第一步，也是最为关键的一步，就是在你因愤怒作出行动前，意识到它。在一张纸上写下你的愤怒迹象，打印出来，贴在浴室镜子或其他你每天都能看到的事物上。

晨间专注和选择时刻。每天早上回顾你的愤怒迹象，然后制订一个当天的积极计划，确保会在愤怒之前注意到它们。通过观察愤怒，即注意情绪的迹象，选择作出不同回应。

每天都致力于注意愤怒迹象，并对自己进行刻意的训练，让每次愤怒露面前，都能识别出来，如此一来，便可让自己的行为不再完全受情绪的驱动。在满足自己的需求方面，你会有更有效的新方法，而不是对他人大喊大叫，口头攻击。

放松愤怒

愤怒和放松似乎并不搭边儿——但它们其实可以并存。学会在意识到愤怒的那一刻放松，可以让你冷静下来，让你的情绪不那么激烈而又急迫，也不再那么迫切地驱使你采取行动。

学习技巧

以下有三个策略可以助你放松，看看哪种方法最适合你：

横膈膜呼吸法 通过横膈膜来进行深呼吸，可以让你在横膈膜一伸一拉中，享受放松。学习横膈膜呼吸，把一只手放在腹部，另一只手放在上胸部。慢慢吸气，这时只有放在腹部的手会动，放在胸部的手不会动。把空气推到腹部，让它随着你的动作扩张和延伸。每次呼吸时，注意腹部起伏，体验一种越来越平静的感觉。

如果很难把所有的空气都吸进腹部，或者发现放在胸部的手在动，那你可以用一只手压住腹部——然后集中注意力，用呼吸把那只手产生的压力给抵消。

在接下来的一周里，每天练习三次横膈膜呼吸。

无紧张式放松 这个减压过程指的是在横膈膜呼吸的同时对自己说一个能放松肌肉的提示词，这样可以帮助你系统地放松身体的主要肌肉群。以下是使用方法。

1. 选择一个代表或象征平静的提示词。它可以是令人放松的颜色（蓝色、金色），也可以是一个宁静的地方的名字，一个命令（放松，放手），一个字，比如"哦"。

2. 识别需要放松的主要肌肉群：

   ◎额头、脸、下巴和脖子

   ◎手臂和肩膀

   ◎后背

◎腹部和胸部

◎臀部、腿和脚

3.深呼吸，在吸到极限时说出提示词，然后呼气，呼气时要同时放松第一肌肉群。注意前额、脸、下巴和脖子上所有紧绷的区域，在呼气的同时放松。重复第二次呼吸，进一步放松紧绷的部位。

4.对五个肌肉群重复以上过程。

在接下来的一周中，每天练习三次无紧张式放松法（以及横膈膜呼吸）。

提示词控制呼吸法　你在上一部分所选的提示词还有新的用途。现在，请深深吸一口气，脑海中想着提示词，随后呼气，这时候，将所有的紧张排出身体。注意吸气时肌肉紧绷的地方，在呼气时（说出提示词），有意将身体里所有的紧张释放出去。

这个技巧很有用，可以帮你在30～60秒内彻底放松。每天练习三次提示词控制呼吸法，一次要练习10次（同时进行横膈膜呼吸和无紧张式放松法）。

练习放松愤怒

经过一周的横膈膜呼吸、无紧张式放松法和提示词控制呼吸法的练习，现在是时候学习如何在生气时放松了。要做到这一点，你需要确定最近产生的三种愤怒情绪。写下每个场景中最让你生气的时刻。包括当时的情况和情境，有哪些人？说了哪些话？你的所见所听所想？以及身体的感受？

愤怒演练表

场景1：

场景2：

场景3：

　　现在想象一下场景1。像看电影一样观看这个场景，直到你真正感到愤怒，这时记住引发你愤怒的念头。从1～10给你的愤怒值打分。此时，放下此场景，开始进行横膈膜呼吸。继续深呼吸，直到愤怒值降了2～3分。想象一下场景2，重复无紧张式放松法这个过程。同样，在想象场景和练习放松之后，给你的愤怒打分。最后，想象场景3，并在使用提示词控制呼吸法前后分别给愤怒值评分。

　　到目前为止一切顺利。但还需要更多的练习来加强放松的技巧。下次练习的时候，轮流用以上方法，在场景1中使用无紧张式放松法，在场景2中使用提示词控制呼吸法，在场景3中使用横膈膜呼吸法。在最后的练习环节，场景1改用提示词控制呼吸法，场景2改用横膈膜呼吸法，场景3改用无紧张式放松法。

在每次练习中，让放松技巧帮你将愤怒值降低2-3分。这样一来，即便愤怒爆发，你的控制力也会更强，对放松自己的能力充满信心。

放松愤怒工作表

说明：对每个愤怒场景进行三次放松练习（练习1、练习2、练习3）。在想象每个场景后，评估你的愤怒程度。然后在使用放松方法后重新评估愤怒程度。

愤怒场景1：_____

想象后的愤怒值（1～10）：　　练习1___　练习2___　练习3___

练习1：使用横膈膜呼吸法　　愤怒值（1～10）_____

练习2：使用无紧张式放松法　　愤怒值（1～10）_____

练习3：使用提示词控制呼吸法　　愤怒值（1～10）_____

愤怒场景2：_____

想象后的愤怒值（1～10）：　　练习1___　练习2___　练习3___

练习1：使用无紧张式放松法　　愤怒值（1～10）_____

练习2：使用提示词控制呼吸法　　愤怒值（1～10）_____

练习3：使用横膈膜呼吸法　　愤怒值（1～10）_____

愤怒场景3：_____

想象后的愤怒值（1～10）：　　练习1___　练习2___　练习3___

练习1：使用提示词控制呼吸法　　愤怒值（1～10）_____

练习2：使用横膈膜呼吸法　　愤怒值（1～10）_____

练习3：使用无紧张式放松法　　愤怒值（1～10）_____

你可以通过其他愤怒场景来练习放松。练习得越多，越能控制愤怒驱动型行为。

愤怒放松的实际运用

在第一周的愤怒放松练习后，准备将放松技巧应用到现实生活中的愤怒事件中。意识到愤怒的那一刻，也是你作出选择的时刻。要么选择快速放松（通过深呼吸或提示词控制呼吸法来放松部分或全部身体），要么做出情绪驱动行动。试着在每次生气的时候，在说话或做任何事之前练习放松。

愤怒重组[1]——改变引发愤怒的想法

引发愤怒的想法有五种。没有它们你就不会生气，如果你学会调整它们，你就不会那么生气了。引发愤怒的五种因素为：

1. **指责他人**。认为人们是故意对你做坏事。他们给你带来痛苦；他们在伤害你或毁掉你。如：

   ◎ 如果不是你不停地抱怨和挑剔，我会很享受这个假期；

   ◎ 如果你真的关心我，你就会帮我写简历，这样我就能得到那份工作了；

   ◎ 你总是让我载你一程，然后又在穿衣打扮上磨蹭好久，导致我开会要迟到。

2. **具有煽动性的全局性标签**。对你不喜欢的人的行为所作出的笼统且负面的看法，但这种标签并不关注具体行为，而是将这个人全盘否定，视为错误的、糟糕的、一无是处的。这些评判通常以侮辱性语言的形式出现。如：

1　愤怒重组过程改编自麦克凯和罗杰斯教授于2000年撰写的《愤怒控制工作手册》。

◎我女朋友纯粹是一个泼妇；

◎刚才拦我路的那个司机是个十足的混蛋；

◎混蛋，他一无所知；

◎那混蛋活该自食恶果。

3. **错误归因**。这些想法属于读心术的一种形式，即对另一个人的行为动机妄下结论。这个人做了一些让你生气的事情，因此你猜测他的动机。你认准了一种说法，即他们故意对你刻薄，令你心烦意乱，以满足他们自私的需求。如：

◎他表面上看起来似乎只想纠正我的语法，但实际上，他想让我看起来很蠢；

◎我就知道，她那样做的原因，只是想让我在大家面前出丑；

◎这么蠢的观点也来反驳，他真是在找茬；

◎她迟到的唯一原因就是想惹我生气。

4. **过度概化**。通过使用"从不""总是""没有人""所有人""一直"等词，使问题放大。过度概化也会让人难以容忍本是偶然事件的发生，认为它是持续不断的。通过过度概化夸大问题，可能会激化愤怒。如：

◎她总是做那种事让我出丑；

◎似乎没有人知道他们在这里做什么；

◎你从不准时，所以我们总是迟到；

◎大家总是让我帮他们忙。

5. **绝对化要求**。这些想法把个人偏好变成了生活的绝对规则。像"应该""必须""不得不"和"应当"这样的词会产生道德命令。当别人忽视你的规则时，愤怒和口头责怪似乎合情合理。如：

◎他们本不应该这样做——真是大错特错；

◎他一点儿也不公平，他应该听取我的意见；

◎她应该再深入了解一下的，这次肯定要失败了；

◎这才是必须要做的方法，其他方法愚蠢不堪。

制定诱发愤怒想法的对策

现在的目标是制定两到三种有效应对思路来处理引发愤怒的诱因，这样它们就不会那么让人恼火了。以下对策（规则）将帮助你重组这五种愤怒诱因。

指责他人 （1）自己制订一个解决问题的应对计划。（2）认识到人们大多在尽力而为——做他们认为最能符合自己需求的事情。

具有煽动性的全局性标签 具体一些，关注行为，而非整个人。

错误归因 （1）检查你对他人动机的设想。（2）为问题行为寻找其他解释。

过度概化 （1）避免使用"总是""所有"和"每个"等概括术语。（2）使用具体准确的描述。（3）寻找规则的例外。回想人们有时是如何违背自己的意愿行事的。

绝对化要求 （1）提醒自己，人们往往会根据自己的所想和所好来行动，而不是出于义务行事。（2）忠于自己的所想和所好——而非外界期望。想的是"我更希望"，而不是"你应该"。

使用常见应对想法

除上述对策之外，当你首先意识到心烦意乱时，可以使用常见应对想法来平息愤怒。

常见应对想法列表

深呼吸放松。

生气不能解决问题。

只要我保持冷静，我就能控制局面。

从容应对——生气不会带来任何益处。

我不会让他们影响我。

愤怒无法改变他人，只会徒增烦恼。

我能平和地表达自己的想法。

保持冷静——不讽刺，不攻击。

我可以保持冷静和放松。

放松，放手。没必要生气。

无关对错，只是需求不同。

保持冷静，不作评判。

不管别人怎么说，我知道自己是个好人。

我要保持冷静——生气不能解决任何事情。

任由他们犯傻、生气，我可以保持冷静镇定。

他们的意见无关紧要，我不会因此失去冷静。

总之，一切都在我的掌控之中。我宁可离开也不愿做什么蠢事。

暂时离开，冷静一下再回来处理。

有些情况没有好的解决方案，这就是其中之一。没必要为这件事发脾气。

这不过是个小麻烦，我能应付。

分解问题，愤怒常源于把事情混为一谈。

很好。我越来越擅长控制愤怒了。

我很生气，但忍住不说蠢话。这就是进步。

这不值得你这么生气。

愤怒意味着是时候放松和应对了。

我能应对＿＿＿＿＿＿，一切都在可控之中。

如果他们想让我生气，我会让他们失望。

我不能指望人们按照我希望的方式行事。

我没必要把这事看得这么严重。

创建应对想法

现在你要为具体的愤怒诱因想出应对方法。首先，简要描述三个最近引发愤怒的场景（不同于你已经想过的三个），包括在场景中你的所看、所听和所感以及你触发愤怒的想法。

创建应对想法表

场景A：
场景B：
场景C：

接下来，分解每个引发愤怒的场景，如下所示。

1.每个场景中引发愤怒的想法：

场景A：＿＿＿＿＿＿＿＿＿＿＿＿＿＿＿＿＿＿＿＿

场景B：＿＿＿＿＿＿＿＿＿＿＿＿＿＿＿＿＿＿＿＿

场景C：＿＿＿＿＿＿＿＿＿＿＿＿＿＿＿＿＿＿＿＿

2.触发愤怒想法的类型（指责他人、绝对化要求等）

场景A：＿＿＿＿＿＿＿＿＿＿＿＿＿＿＿＿＿＿＿＿

场景B：＿＿＿＿＿＿＿＿＿＿＿＿＿＿＿＿＿＿＿＿

场景C：＿＿＿＿＿＿＿＿＿＿＿＿＿＿＿＿＿＿＿＿

3.每个场景的应对想法（来自诱发愤怒想法的对策和常见应对想法列表）

场景A：＿＿＿＿＿＿＿＿＿＿＿＿＿＿＿＿＿＿＿＿

＿＿＿＿＿＿＿＿＿＿＿＿＿＿＿＿＿＿＿＿＿＿＿＿＿＿＿＿

＿＿＿＿＿＿＿＿＿＿＿＿＿＿＿＿＿＿＿＿＿＿＿＿＿＿＿＿

场景B：＿＿＿＿＿＿＿＿＿＿＿＿＿＿＿＿＿＿＿＿

＿＿＿＿＿＿＿＿＿＿＿＿＿＿＿＿＿＿＿＿＿＿＿＿＿＿＿＿

＿＿＿＿＿＿＿＿＿＿＿＿＿＿＿＿＿＿＿＿＿＿＿＿＿＿＿＿

场景C：＿＿＿＿＿＿＿＿＿＿＿＿＿＿＿＿＿＿＿＿

＿＿＿＿＿＿＿＿＿＿＿＿＿＿＿＿＿＿＿＿＿＿＿＿＿＿＿＿

＿＿＿＿＿＿＿＿＿＿＿＿＿＿＿＿＿＿＿＿＿＿＿＿＿＿＿＿

练习放松训练和重组法

在学习最后一个控制愤怒的技巧之前，使用下面6个步骤将你刚刚学到的技巧结合起来：

1.设想"创建应对想法表"中的场景A。当你感到中度愤怒时，忘记这个场景。

2.评估愤怒程度。

3.练习一种放松技巧（横膈膜呼吸法、无紧张式放松法或提示词控制呼吸法）对你很有效。

4.在放松的同时，在心里预演你为这个场景准备的应对想法。

5.放松和应对1～2分钟后，重新评估愤怒程度。

6.场景B和C重复此过程。

每周整理3个新的愤怒场景，并在每个场景中应用以上6个步骤。连续做4周（总共12个愤怒场景）。许多人发现，对每个场景进行多次练习很有帮助。

案例　雷是一名社会工作者，一直在努力克服工作中的外化和愤怒情绪。在他的"创建应对想法表"中的场景A涉及一个同事，他的案例记录并不详细。虽然这些笔记包含了社会工作者通常记录的基本信息，但它们并没有完整描述问题或提供服务。首先雷列出了引发他愤怒的想法。

◎他很懒。

◎他啥也不在乎。

◎他应该记录好一切。

然后，他确定了引发愤怒的想法的类型。

◎具有煽动性的全局性标签。

◎错误归因。

◎绝对化要求。

在回顾了想法对策和常见应对想法列表后，雷确定了以下应对想法：

◎我不能期望人们按照我希望的方式行事

◎他的记录没有我期望的那么全面。

◎我生气也改变不了他，我应该放松一下了。

最后，雷想象了场景A，在电话中，他对同事大发脾气，说他懒惰，啥也不在乎，以及写的案例笔记"毫无价值"。雷"听到"了他说的话，注意到身体里的感觉，一直回想触发愤怒诱因，直到愤怒值达到6分左右。这时，雷不再想象这个场景，开始练习提示词控制呼吸法，呼吸间隔穿插着应对想法。当愤怒值降到3分，雷继续练习下一个场景。

非暴力沟通

提高愤怒控制能力的第四个技巧是非暴力沟通——用一种非攻击的方式说出你的感受和需求。

学习非暴力沟通的三个F

平静地讲出你的需求和感受的关键是使用三个"F"——事实、感受和合理请求。

事实是对简单、不加修饰的事件或情况的描述。

◎"你这周开会迟到了三次。"

◎"你今晚没有给我看你完成的作业。"

◎"从周日开始断网。"

请注意，这些事实是不加以指责或评判表述出来的。它们不是贬义的，只是用你所观察到的——你所看到的、听到的或注意到的——打开讨论话题。

第二个F是**感受**。简单陈述你的感受——为你的情绪承担全部责任，而不是指责某人。

◎"我感到难过。"

◎"我感到孤独。"

◎"我为你的作业感到焦虑。"

◎"我感到沮丧。"

注意表达感受并不是进行攻击："我觉得你不在乎""我觉得你在躲

着我。"这些都是伪装成感受的评判。非暴力沟通中表达感受时要专注于情绪本身，不会因为痛苦而责怪任何人。

第三个 F 是**合理请求**。第一，这包括问你想要什么，但是请求必须是具体的、行为化的、可行的。一次只提出一个具体的要求。不要什么都要，而是对解决问题最重要和与之最相关的需求。第二，行为化的要求。不要要求对方更有爱心，也不要要求对方改变态度。让他们"如果迟到了就打电话给你"，"睡觉前让你看看作业"，"在讨论第一个项目之前参与线上会议。"第三，要求对方做些他们力所能及的事——在他们能力范围内的事，他们能控制的事。如果你的伴侣不喜欢陡峭的徒步旅行，不要要求他/她喜欢，也不要要求他/她对他人产生吸引力。

非暴力沟通还有另一个组成部分——在沟通中保持声音平静、不带敌意。如果你的话语中充满了愤怒、责备或厌恶，那么别人也只会听出这些。保持语气平和，尽可能像正常对话一样。

练习非暴力沟通

现在是时候在你预设的愤怒场景中想象和练习这三个"F"了。在同样的场景中，放松愤怒和愤怒重组可以添加一个新元素。即在使用一个或多个应对想法的放松技巧（横膈膜呼吸法、无紧张式放松法或提示词控制呼吸法）后，你可以想象向引发你愤怒的人表达事实、感受和合理请求。这种技巧被称为**认知演练**，可以让你在感到愤怒的同时练习非暴力沟通。当有人挑衅你时，它使你在现实生活中做好准备，因为你已经演练过非暴力回应。

以雷为例。雷试图控制愤怒，所以他列出了多个愤怒场景，练习放松和应对愤怒想法，但他对这些场景感到不安。他最后一步是针对这些引发愤怒的情景演练非暴力请求。

如果你还记得的话，雷的场景 A，在一通电话中，他和同事产生了矛盾。雷确定了他对这个场景的三个"F"。

◎你的笔记里缺少一些关于这个案子我需要知道的事情。（事实）

◎我担心我可能无法帮助这位客户。（感受）

◎能给我详细介绍一下这个案例吗？在以后的笔记中详细说明问题和你做了什么？（合理请求）

现在雷想象着他的电话，当他的愤怒达到中等程度时，他就不再想这一幕。他通过提示词控制放松呼吸和应对想法，把愤怒降到2分。在这一点上，他设想使用非暴力沟通方式，即事实、感受和合理请求——所有这些都是用平静、不带敌意的声音说出来的。不责备他人而是表达自己的感受和需求，这让雷感觉不那么愤怒。当他在其他场景中演练非暴力请求时，雷在现实生活中面对愤怒诱因时开始越来越自信。

增强同情心过程

现在，通过减少责备他人，你可能会感觉更平静，更快乐，更能控制自己，那么我们就来更进一步：增加同情心。**反向行为**是一种宝贵的技能，虽易理解但有时很难做到：无论你的痛苦情绪通常会促使你做什么，做与之相反的事情。做相反的事并不会让你成为一个伪君子或否定你的感觉。你所有的感觉都是合理有效的，但你可以选择不采取行动。你可以选择改变情绪驱动的行为，这些行为一直在伤害你的人际关系。反向行为是一种调节而不是否定感受的方式。它承认你的经历，但选择新行为来调节或改变你的感觉和反应。

做与以往相同的事情来应对痛苦情绪通常会加剧这些感觉。用大声指责来发泄愤怒可能暂时感觉很好，但从长远来看，它会破坏人际关系，导致更多的愤怒。另一方面，选择做情绪驱动相反的行为往往会降低情绪的强度。当你感到愤怒，通过承认别人的观点并用更柔和的语气来回应，这样会缩短愤怒周期。

愤怒的反向行为包括三个关键行为：

◎ **确认**　理解他人的痛苦、问题或需求。如果你不知道对方的问题或需求是什么，你可以询问，然后反馈出来以确认正确与否。"我理解，你对延误感到焦虑。""我理解，你在工作中很失望，感觉自己很沮丧。""我理解，你压力很大，宁愿休息也不愿按我们的计划去做。"

◎ **善意**　关心他人的问题或需要，或主动提供帮助。善意可以简单表达为"你_____（这个问题）还好吗？"或者"_____（这个问题）对你有什么影响？"善意也包括主动提供帮助。"我能做些什么吗？"或者"我能帮什么忙吗？"或者"我能帮你解决_____（这个问题）吗？"

◎ **温和**　一种让人感到平静和无攻击性的姿态、语气和面部表情，包括微笑、点头、感兴趣或关心的表情，以及轻柔的声音。温和也可以通过不带严厉或评判色彩的话语来传达。

计划做相反的事

使用下表来回顾最近三次与他人的冲突事件，并思考未来你会如何应对。

反向行为工作表

情景1 _____

以前	现在
行为/语言：	确认：
姿势/手势：	善意：
面部表情：	温和：
语调：	

情景2 _____

以前	现在
行为/语言：	确认：
姿势/手势：	善意：
面部表情：	温和：
语调：	

情景3 _____

以前	现在
行为/语言：	确认：
姿势/手势：	善意：
面部表情：	温和：
语调：	

我们一起来看一下雷的反向行为工作表。

情景1：儿子的房间乱糟糟的。

以前	现在
行为/语言：抓住他的胳膊。"看看这个。你怎么回事？你为什么不能把房间收拾收拾？"	确认：我觉得打扫房间而不去玩耍很难。
	善意：如果我陪着你会有帮助吗？
姿势/手势：居高临下	温和： 坐下 微笑 柔和的声音
面部表情：愤怒	
语气：大吼大叫	

情景2：玛莎想买一个难看的沙发。

以前	现在
行为/语言："你的品位是全北美最差的。为什么把我们的客厅弄得这么丑？"然后愤然离去。 姿势/手势：双臂合抱 面部表情：不悦之色 声音：愤怒地发出唏嘘声	确认：你喜欢沙发的哪一点？让我看看。 善意：如果我保证会买到你喜欢的东西，我们可以再挑选挑选吗？ 温和： 抚摸玛莎的手臂 亲切地微笑 语气柔和，充满兴趣

情景3：拼车的车友接我又来晚了。

以前	现在
行为/语言：敲击仪表盘，并说"你把我的工作搞砸了。你他妈的怎么就不能准时到这儿来？" 姿势/手势：拳头握紧 面部表情：情绪紧绷，失望摇头 语气：凶狠	确认：你得早点出发接我——这太难了。 善意：我们能做些什么改进——这样我就能准时上班了。 温和： 平静地合起手掌 关心，好奇 语气柔和但态度明确

　　既然你通过回忆确定了最近愤怒发作的反向行为，那么现在应该对未来可能出现的愤怒发作运用相同的操作了。在接下来的一个月里，你每次愤怒都要填一份反向行为工作表，并完成相应的计划。在第一次表现出愤怒时，除了这三个"F"之外，你还要保证自己的态度是肯定、友善和温柔的。

用同情他人代替愤怒

　　对你爱的人和那些惹你生气的人，每日慈悲冥想是一种用同情代替愤怒的既深刻又有效的方法。

你可以把下面的冥想内容导入手机里，每天在舒适的环境里听一次进行练习：

闭上眼睛，深呼吸；让你的呼吸进入一个轻柔的节奏。(**暂停**)，吸气时对自己说"吸气"，呼气时对自己说"呼气"。(**暂停**)想法出现时，提高注意力，再慢慢地把注意力转移到吸气和呼气上。(**暂停**)吸气时说"吸"，呼气时说"呼"。(**暂停1分钟**)

现在把画面转向你爱的人。想象她/他陷入某种痛苦之中。(**暂停10秒**)想到所爱之人的痛苦时，把你的手放在心口，注意你的每一种感觉。想象一束慈悲的金光环绕在你的心中。(**暂停**)边呼吸边看着你爱的人，每呼一次气，想象你内心的金色光芒延伸到你爱的人身上，深切地希望他们能摆脱这种痛苦。(**暂停**)当他们沐浴在金色的阳光中时，默默地说：

愿你幸福。

愿你免于苦难。

愿你快乐和自在。

(**重复1分钟**)

现在想象一下最近让你生气的人。(**暂停5秒**)尽管你可能对这个人很生气，但请想想他一生中遭受了什么。他经历过失败、失去、疾病和各种痛苦。只需要想想这个人可能经历过的其中一种情况。(**暂停20秒**)

把手放在胸口，想象它被温暖和金色的光包围着。当你呼吸时，继续想象这个人，想象温暖金色的光从你的心延伸到他身上，减轻了他的痛苦。(**暂停**)每次呼吸时，让金色的光延伸到他，深切希望他摆脱痛苦。(**暂停**)当他沐浴在金色的阳光中时，默默地说：

愿你幸福。

愿你免于苦难。

愿你快乐和自在。

（重复1分钟）

同情他人是外化情绪和缓解愤怒的有效解药，也是治愈愤怒带来的压力、痛苦和因愤怒而导致的受损情谊的途径。

总 结

在这一章中，你已经探索了如何将情绪外化，以及如何将痛苦归咎于他人的。你已经扭转了局面，找到了同情他人的新源泉。

接下来，回到评估那一章，看看你在《综合应对量表》（CCI-55）上的下一个高分。那是我们要关注的下一章。

10

平静：
从担忧、思维反刍到
平衡思维

在《综合应对量表》(CCI-55)第10或11部分得分高表明，你往往担忧未来或者深陷过去，二者都是重复消极思维的表现，会导致焦虑和抑郁。

我们的大脑只有一个任务：帮助我们战胜威胁存活下来。为了做到这一点，大脑试图弄清楚三点：（1）哪里出了问题？是谁的错？（2）为什么会出问题？（3）未来可能会出什么问题？这些心理过程让我们作为一个物种生存了几千年，但也成为了21世纪里人类众多心理痛苦的来源，打破了人们的宁静。这一章将帮助你看清思想的本质——仅仅是大脑的产物——并将注意力从思想转移到当下意识。

让我们开始吧。

重复消极思维是什么

重复消极思维这个术语应用最为广泛，用于描述大脑是如何陷入无休止的思维反刍和担忧的循环中的，而这些思维反刍和担忧其实不能帮助我们解决问题或免受什么伤害。相反，它会让我们陷入更深层次的痛苦、抑郁和焦虑之中。下面是三种重复消极思维的形式：

◎**消极评判**：一旦坏事发生——不管是现在还是过去——你的大脑就会反思是谁搞砸了，是你自己还是别人。大脑会根据你过去犯的错误对你进行评判，防止重蹈覆辙。或者评判别人，认为他们有错，以此不让你感到羞耻和失败。不停地自我责备会导致慢性抑郁，而评判他人则会成为点燃慢性愤怒的导火索。

◎ **消极归因**：自然，我们会尝试解释坏事发生的原因。我们一直试图找到根源，希望可以控制和预防未来不好的事情发生。我们会扪心自问："为什么我这么悲惨？""……为什么我哥哥没有邀请我庆祝感恩节？""为什么我没有晋升？""为什么我会胃疼？"问题在于我们并不知道真实的原因，于是大脑编造了故事来解释疼痛的原因。我们会因为这些原因似乎不在我们掌控范围内，而感到无助。或者因为大脑认为我们在某些方面失败了，而感觉不对劲。

◎ **消极预测**：每当面临威胁或不确定性，大脑就会不停地预设接下来可能会出现的各种糟糕情况，这是在尝试控制不确定性并预测未来。这就是忧虑，即试图设想所有可能的负面结果来加以避免，但这并没有用。对未来灾难的担忧非但不能让我们增强安全感、变得更可控，反而会增加警报系统工作，让我们长期感到高度焦虑。

重复消极思维是对情感痛苦或威胁的不良反应。它是通过对自己或他人作出负面判断，通过试图找到原因（归因），或通过预测负面结果并对其未雨绸缪，来试图避免痛苦或控制威胁。虽然它提供了一种可以抑制疼痛或控制威胁的短暂错觉，但数十项研究已经将担忧和思维反刍（重复消极思维）的应对机制与高度的焦虑和抑郁联系起来。认知行为疗法的研究人员在数百项研究中表明，我们的思想对我们的情绪有直接影响，消极思维的频率和持续时间也会影响着我们的情绪。

减少重复消极思考的过程

在本节中，你将学习通过一个叫作"**解离**"的改变过程来克服重复的消极想法（Hayes，Strosahl & Wilson，1999），即觉察消极想法，并与之保持距离，这样它们就不容易引发或加剧负面情绪。研究表明，解离可以减少对消极思想的依赖，降低焦虑感，并增强认知灵活性。你将通过观察和标记这些想法，然后放手，从而学会摆脱消极的想法。这个过程将帮助你改变与想法之间的关系，认识到这些想法大多时候既不"真实"也不重要。

解离

减少花在消极想法上的时间的最佳办法是"解离"。这是因为大脑作为一种生存机制，设计上存在一些会产生问题的副作用。你可能会自然地相信你的想法正确无误，这样你会对危险或机遇迅速作出反应。例如，如果你看到草丛里有深色和浅色的条纹在移动，你的大脑就会把这个感知印象转换成一个语言符号（"老虎"这个词），然后把这个符号与所有其他与老虎有关的联想联系起来，并得出结论："危险！"这个想法会引导身体产生逃跑反应，并确实逃跑了。如果草丛中真的是一只老虎在动，那明显是大脑运作方式的一个优点。

问题就在于很多想法都不准确。有时你的感官印象是错误的：它实际上只是一只花栗鼠或草丛间的风，而并非老虎。不幸的是，大脑错误地将符号当成了现实。也许，多年前，你有过一次糟糕的经历，这场经历可能涉及一个陌生人，一场车祸，或你的母亲。从那以后，你的大脑就一直在把那些经历联系起来，最后你可能不信任所有的陌生人，害怕开车，或者讨厌所有的高个子金发女人，因为你的大脑已经把她们和你的母亲联系在一起了。

解离是通往宁静的捷径，因为这让你能从相信大脑里冒出的所有念头中抽离出来。进行解离时，你搁置了各种摆布你的想法。踩下离合，让自己从不断运转的"思维马达"中解脱出来，这样它就不会把你推向抑郁、焦虑或其他不好的情绪。

当你停止认同消极的想法，并开始在你所经历过的许多其他想法和感受的环境下观察时，消极评价就会变得不那么强大、频繁。当你把会引起反思过去和担忧未来的想法视为"仅仅是另一种想法"，你将不再思维反刍和担忧。

依次尝试这些练习，这会让你很好地感受到大脑是如何创造和处理词语的含义，以及思想和图像是如何通过你的意识相互流动的。

牛奶牛奶牛奶练习

这个练习是一个语言游戏，展示了意义是如何和单词产生联系，以及又是如何脱离单词的。它最初由英国心理学家爱德华·提钦纳（Edward Titchener，1916）提出，现在广泛应用于接纳承诺疗法。这个练习很简单。

找一个私密的地方，不用担心有人偷听。

把眼睛闭上一会儿，想象你正在打开一个装有新鲜冷藏牛奶的容器。感受着容器的质地，然后想象把一些牛奶倒进玻璃杯里。看到白色的、奶油状的液体冒起气泡，充满了玻璃杯。闻闻牛奶，然后喝一口。在你弄清楚之前，好好思考一下这个顺序。这时，即使你事实上并没有喝牛奶，你的嘴里也可能会有淡淡的牛奶味。这是因为你的大脑具有将感官印象编码为符号的不可思议的能力：它可以把像"牛奶"这样的符号转化为想象的感官印象。

现在对于"牛奶"这个词，暂时关闭这个将感觉印象编码为符号的机制，反之亦然。一遍又一遍地大声说出"牛奶"这个词。在发音清晰的同时，尽可能快地说出来。给自己计时，20到45秒。

这个词的意思发生了什么变化？最有可能的是，"牛奶"这个词对你来说变成了一个无意义的声音，不再唤起你对这种你一生都熟悉的潮湿、寒冷、奶油状物质的生动的感官印象。你有没有注意到这个词开始听起来很奇怪？你是否开始关注你的嘴和下巴肌肉的运动方式，或者一个词的重复结尾是如何过渡到下一个词的开头的？

大多数人发现，在重复一段时间后，"牛奶"这个词的意思就消失了。这种意义的消失在现实生活中很少发生。我们都沉浸在一连串的谈话和话语中，很少注意到它们只是一堆声音。

重复贴负面标签

在这个练习中，你将把"牛奶牛奶牛奶"效应应用到给自己的负面标签上。就像前面的练习一样，找一个私密的地方，在那里你可以不用担心被人听到。首先把你对自己的负面想法总结成一个词。选择一个十分刻薄、充满情绪、消极至极的词，比如"愚蠢""失败者""懦夫""恶霸""毫无价值""胆小鬼"或"失败"。两个或三个字的词最佳。单词越短，这种方法就越有效。把你选的词写在一张纸上。从0到10分，根据痛苦程度，给这个词评级，0分表示完全不痛苦，10分表示极度痛苦。然后从0到10评估这个词的真实度和可信度，0分表示完全不可信，10分表示完全真实准确。

现在大声重复这个单词20到45秒，就像你重复"牛奶"这个单词一样。注意你的负面词汇在多大程度上失去了它原本的意义。疼痛减轻了吗？这个词开始变得不那么真实或不那么可信了吗？再次给你的词打分，看看它在痛苦程度（0到10分）和真实程度（0到10分）方面有多大变化。

小溪上的树叶

这是一种经典的冥想练习，使大脑平静、清醒，世界各地使用形式各种各样。找一个安静的、不会被打扰的地方练习。

坐下来，闭上眼睛，想象在一个温暖宁静的秋日里，你坐在一条潺潺的溪边。偶尔有一片叶子掉进水里，随着水流漂走，顺流而下，不见了踪影。给自己足够的时间对现场形成一个清晰的画面。

接下来，请开始注意你的想法。每当脑海中出现一个想法时，就用一个词或短语来概括："无聊"……"约翰尼"……"悲伤"……"愚蠢的运动"……"午餐吃什么？"……

把词语或短语写在一片叶子上，让它飘走，眼不见心不烦。

如果想法以图像的形式出现，而没有具体的文字，那么把图像放在叶子上，让它们飘走。

不要试图加快或减慢溪流，不要试图以任何方式改变叶子上的东西。如果小溪不流动，或者你发现自己沉陷于一片有想法或图像的叶子上，也不要担心。如果树叶消失了，整个场景也消失了，或者你走神了，不要感到惊讶或担心。只需要注意到发生的事情，然后返回到小溪旁的场景。

保持大约5分钟。这个时间足够给你去尝试放手你消极的想法。

这个练习可以说明一些想法是多么棘手。它们可以一直纠缠你，即使你的意图完全不同。但是这个练习也给你提供了实践机会，练习放开思想并让它们飘走。当小溪不再流动，或者你和你的思想被困在一片树叶上时，你正在与你的想法进行融合。当小溪自由地流动，树叶把你的想法带到了看不见的地方，说明你正在经历认知解离。

白色房间冥想

这是观察脑海中闪过的想法的一种冥想技巧。还是和之前一样，找一个不会被打扰的静处练习。

坐下来，闭上眼睛，想象你的大脑是一个只有两扇门的、白色的空房间。看着想法从一扇门进入，又从另一扇门离开。

当想法穿过房间时，冷静地观察并给其贴上标签："嫉妒"……"沮丧"……"关于琼的想法"……"母亲"……"内疚"……注意到是什么想法不会很快离开这个白色房间，而在你的脑海中徘徊。当你开始相信自己的想法时，就会发生这种情况。如果你很难放下一个棘手的想法，把你的注意力转移到新想法出现的那扇门上，等待下一个想法。

这个练习可以锻炼你给自己的想法贴上标签并分类，这是在下一节中进行现实生活中解离练习的关键技能。

现实生活中的解离练习

在日常生活中，你不可能边走边说着"牛奶牛奶牛奶"，也不可能定期在人行道上摆好冥想的姿势。你需要更短、更简单的解离练习，这样你就可以在电梯里、在公共汽车上、在会议中、在飞机上、在淋浴时、在车里，或者任何你能找到的地方做。这里有一些你可以在日常生活中使用的方法。

我到底在想些什么？

这个技巧可以通过制造一些分析距离来帮助你摆脱思绪的困扰。当你感到痛苦时，试试这个简单的技巧：与其纠缠在痛苦的想法上，不如问问自己："我到底在想些什么？"然后按照脑海中呈现的那样给每个想法贴上标签，回答自己这个问题：

"现在我的脑子里有一个＿＿＿＿＿＿想法。"

重复这句话，直到你标记出5到10个想法。你会发现大多数痛苦的想法都可以归类到担忧和评判的范畴，所以你很快就可以找到合适的词来回答。

给想法贴上标签

注意，前面的练习用的不是"现在我很担心"或"现在我正在担心"这样的表述，而是"现在我的脑子里有一个令我感到（担忧）的想法。"这就是贴标签，即把想法描述为你大脑产生的内容，而不是你是怎么样的或你所做的事。其中的差别很小，但它是解离想法的关键。你还可以使用很多其他的方式来给你的经历贴上标签。当你有一种痛苦的想法、感受或冲动时，试着用以下这些方式标记出来：

◎我有一种_____想法（描述你的想法）。

◎我有一种_____感受（描述你的情绪）。

◎我记得_____（描述你的记忆）。

◎我感受到_____（描述你的身体感受）。

◎我渴望_____（描述你的行为冲动）。

委婉说法

上面提到的标签是一种委婉说法——对想法、感受或冲动的描述更累赘、更冗长，使你的思维会脱离自动模式，使得自我评估成为思维短暂创造的产物，而不是自身或周围世界的真实情况。这种方式可以帮助你把自我从想法中分离出来，也会用累赘的话稀释你内心的独白，减缓意识流的速度，以便看清你内心的所思所想。

你还可以使用独属于自己的委婉说法来消除快速、短暂和极度痛苦的想法。例如，"我很焦虑"可以转变为"我的大脑又有了那个熟悉的想法：我感到很焦虑"。同样地，"混蛋！"也可以转变为"我注意到大脑里有这样一个想法：我讨厌吉姆，想叫他混蛋。"

"谢谢你，大脑"

这是一个非常简便的解离技巧，你只需在每次不愉快的想法出现时感谢你的大脑。大脑会快速地提醒你：这只是一个想法，思考是大脑现在所做的事情，可能一分钟后你的大脑就会想别的事了。有时可能需要说好几句"谢谢"才能从持续不断冒出的想法中解离出来。例如，

我说的话毫无说服力。 "谢谢你，大脑。"

我很失败。 "谢谢你，大脑。"

他们在嘲笑我。 "谢谢你，大脑。"

我焦虑。 "谢谢你，大脑。"

我头晕。 "谢谢你，大脑。"

在说了足够多的谢谢之后，你的大脑会说："哦，好吧，没关系。"

松手

每当你有痛苦的想法时，松手，把它放下，就像你在放开握在手中的小石头一样。告诉自己，"这有一个想法……随它去吧"，就像你松手，让它消失一样。

呼吸，放松

每次你有痛苦的想法时，深吸一口气，当你呼气的时候，想法就好像随着呼吸一起释放出去了。告诉自己，"这有一个想法"，（当你呼气的时候）它就释放了。

随身带着卡片

把最让你头疼的想法写在一张3 cm×5 cm的索引卡上，放在你的口袋或钱包里。当你有这些想法时，对自己说："我已经写在卡片上了。"你没必要再次纠结于过去犯过的错，担心潜在的冲突，或列出你的缺点。你已经做过这些事了，已经把它们写在卡片上了。

处理棘手或经常遇到的消极想法的技巧

消极想法会反复出现，经常会让我们觉得消极想法萦绕不散。下面的

技巧将通过检验你大脑中特定的、长期存在的消极想法持续的时间、发挥的作用和可行性，来帮助改善你与它们之间的关系。

"这个想法有多久了？"

每当你有一个类似的痛苦想法时，问问自己这样一个问题："这有多久了？"回想一下你最早什么时候有的这种想法。这会提醒你，这只是一个想法，它以前就出现过，它还会时不时地再次出现。但你依然活得好好的，并将继续过好你的生活，就像以前一样。

以前的有些想法可能已经出现了几百次，甚至几千次。粗略估计一下你的大脑产生这种想法的次数是很有帮助的。

"这个想法有什么用？"

侵入式想法困扰着你时，问问自己这样一个问题："这有什么用？我的大脑想让我做什么？"例如，假设你丈夫的生日快到了，你知道他想去最喜欢的餐厅吃晚餐，但每次你打算预订的时候，你都会想起以前听说的事：离这个餐厅不远的地方发生了抢劫。你就会想："如果我们被抢劫了怎么办？"焦虑和抑郁的浪潮向你袭来，你感到不知所措。

下次再发生这种事的时候，问问自己："这有什么用？我的大脑想让我做什么？我的大脑在试图保护我免受什么伤害？"实际上，也许你几乎从不在晚上出门，因为天黑后离开家会让你紧张。在这种情况下，你会意识到你的想法是为了让你什么也不做，最终来不及预订。在回答你的大脑在试图保护你免受什么伤害的问题时，答案可能是："它试图保护我免受伤害和避免产生不安的感受。"从侵入式想法发挥的作用来看——是为了试图保护你免受情绪痛苦或做一些危险的事——这与相信这种想法发挥的作用是截然不同的。当你相信一个想法时，你是在假设它是真的。当你知道想法的真实意图时，你会意识到这只是你的大脑试图让你做或不做某事，或者是保护你免受情绪痛苦。

"这个想法可以怎么为我所用？"

这个练习延续了上一个练习的主题。如果你有这样的想法："如果我们被抢劫了怎么办？"每当你打算晚上出门时，你就会感到不知所措，问问自己："这个想法给我带来了什么样的影响？"有这样一种可能，当你的伴侣或朋友不带你出去的时候，你会一个人窝在家里，最终的结果就是你的生命会随着时间的推移慢慢消逝。如果这个想法是想保护你不受某种情绪的影响，例如焦虑或不安，你也可以问自己同样的问题：这个想法可以怎么为我所用？这个想法会减少你的焦虑和不安吗？

通过问"这个想法给我带来了什么样的影响"这个问题，可以把这种想法造成的影响展现出来，而不是只是拥有这种想法。你和想法之间有了一定的距离，就可以更加清楚地看到你的想法和你到底是谁。

解离技巧

最后，我们将结合一些你已经学过的解离技巧：

◎注意想法。有时，你首先注意到的是消极想法带来的情绪痛苦。先一步意识到抑郁或焦虑情绪，并找寻背后隐藏的想法。

◎给想法贴标签。"我有个_____想法。"

◎放下想法，即放手，深呼吸，随它而去，感谢你的大脑，随身带着卡片，或借用任何视觉上的"漂流"事物（例如，如上所述，小溪上漂浮的树叶；想象着气球承载着想法，然后飘向天空；把想法当作你驾驶时经过的广告牌，或是当作电脑上出现的弹窗）。

◎问这三个问题：（1）这个想法对我有用吗？（2）我现在就需要考虑吗？（3）此时此刻我更想做什么？尤其对于反复出现的想法，可以问以下问题：（1）这种想法有多久了？（2）这个想法的目的和作用是什么？（3）这个想法可以怎么为我所用？

增加平衡思维的过程

解离可以帮助你减少花在消极想法上的时间，但平衡思维可以你帮助增强心理肌肉，转移注意力，关注其他一些事。在本节中，你将会学习如何提高注意力灵活性的能力——这是一种将注意力从消极想法转移到关注当下的能力。人们已经证实注意力灵活性（Wells，2009；Kabat-Zinn，1990；Hayes & Smith，2005）可以减少担忧和思维反刍，同时提升正念思维和生活质量。一旦你掌握了注意力灵活性，你就会学会如何在日常生活中练习正念，并最终选择注意重心——这是平衡思维的必要组成部分。

注意力灵活性

有很多方法都可以增加注意力的灵活性，把注意力转移到当下。我们将从最常见的一种开始。

正念冥想

这个练习将教会你观察内心感受的三个方面，即想法、感受和情绪，同时学会将注意力转移到呼吸上。你会熟练且不加评判地观察自己的内心感受，并增强自己将注意力转移到其他事物上的能力。用手机录下以下10分钟的音频，每天听一遍：

> 把身体摆成舒适的姿势，闭上眼睛。（**暂停10秒**）
> 将你的注意力转移到你的横膈膜，也就是呼吸的中心，注意呼吸的过程。（**暂停**）吸气时说"吸"，呼气时说"呼"。（**暂停**）注意每一次呼吸的吸气和呼气。（**暂停10秒**）现在试着保持你的呼吸。如果你的注意力转移到其他事情上，慢慢地把注意力转移到呼吸上。（**暂停30秒**）

现在，暂时把你的注意力转移到你的内心感受上。注意你身体某处是否有某种感受。（暂停）不加评判地观察它，顺其自然。（暂停10秒）现在对自己说"感受"，慢慢地把注意力转移到呼吸上。（暂停10秒）

现在，暂时把你的注意力集中到你可能感受到的任何情绪上。（暂停）不加评判地观察这种情绪，顺其自然。（暂停10秒）现在对自己说"情绪"，慢慢地把注意力转移到呼吸上。（暂停10秒）

现在，暂时把你的注意力集中到你可能有的任何想法上。（暂停）不加评判地观察你的想法，顺其自然。（暂停10秒）现在对自己说"想法"，慢慢地把注意力转移到呼吸上。（暂停10秒）

现在让你的意识在内在体验中漫游。如果你注意到一个想法，观察它一会儿，然后对自己说："想法。"然后将你的注意力转移到你的呼吸上。（暂停）如果你注意到一种情绪，观察它一会儿，然后说："情绪。"然后将你的注意力转移到你的呼吸上。（暂停）如果你注意到一种感受，观察它一会儿，然后说"感受"。然后将你的注意力转移到你的呼吸上。（暂停1分钟）

持续观察你的内心感受。如果你注意到一个想法，说"想法"，然后回到你的呼吸。如果你注意到一种情绪，说"情绪"，然后将注意力转移到你的呼吸上。如果你注意到一种感受，说"感受"，然后将注意力转移到你的呼吸上。（暂停1分钟）

现在牢牢地将注意力放在呼吸上。吸气时说"吸"，呼气时说"呼"。如果你的注意力转移到其他地方，慢慢地把注意力直接转移到你的呼吸上。（暂停30秒）

稍微等一下，当你准备好了，深吸一口气，睁开眼睛。环顾四周，把你的意识带回到周围的环境上。

　　每天练习正念冥想，直到你能不加评判地观察自己的内心感受，并能在冥想时轻松地将注意力从想法、感受或情绪转移到呼吸上。

转移注意力的冥想

　　这种注意力转换的练习将加强你从思维模式切换到观察模式的能力，从担忧和思维反刍切换到关注当下。用手机录下以下5分钟的音频，每天听两遍：

> 把身体摆成舒适的姿势，睁开眼睛。做几次深呼吸来释放紧张情绪。（**暂停20秒**）
>
> 现在把注意力转移到想法上。只需要观察想法的出现，而不去评判或依附于任何想法。只是观察就好。（**暂停30秒**）
>
> 现在把注意力转移到你身体的内部感受上。只观察这些感受，不要评判，也不要试图去控制。（**暂停30秒**）
>
> 现在把你的注意力转移到你的想法上，只是观察，不要评判或依附于任何想法。（**暂停30秒**）
>
> 现在把你的注意力转移到情绪上，只关注有什么样的情绪，不作评判，也不试图去控制。你不必说出情绪的名字，只要观察就可以了。（**暂停30秒**）
>
> 现在把你的注意力转移到想法上，只是观察，不要评判或依附于任何想法。（**暂停30秒**）
>
> 现在把你的注意力转移到你的外部感受上，即视觉、听觉、嗅觉和触觉。（**暂停30秒**）
>
> 现在回到你的想法。（10秒）转换到你内在的感受。（10秒）再回到你的想法。（10秒）转而关注情绪。（10秒）回到你的想法。（10秒）切换到你的外部感受（视觉、听觉、嗅觉和触觉）。（10秒）

现在回到你的想法。（10秒）转换到你的内心感受。（10秒）再回到你的想法。（10秒）转而注意情绪。（10秒）回到你的想法。（10秒）切换到外部感受（你的视觉、听觉、嗅觉和触觉）。（10秒）

你可能会发现有些想法会长期反复出现，这就需要一些努力和时间来转而观察其他感觉。没关系，只要多加练习，就会变得更容易。你的心理肌肉会增强。冥想的快速转换（10秒）部分，虽然有时很累，但对健强心理肌肉特别有用，能让你的思想摆脱掉重复消极想法，进而转移到当前的体验。

五感练习

一个进入当下的简单方法就是分辨每一种感官所带来的感觉。花30秒注意你看到的东西，然后再花30秒关注嗅觉。接着是听觉，然后是味觉，最后是来自身体内外的触觉，每一种都要花30秒的时间，整个练习可以在2～3分钟内完成。但请注意最重要的部分：每当一个想法出现在你的脑海里，注意它，然后又重新回到感官观察中。练习的目的不是让你停止思考，因为无论发生什么，你的大脑都会一直喋喋不休。关键是要释放想法，而不是陷入无止境的判断和假设中。

五感练习是摆脱烦恼、稍事休息的好方法。一旦你陷入担忧的沼泽，就把注意力转移到你现在所见的东西上，然后是闻到的、听到的事物，等等。当检查完你的五感后，你可能觉得没必要再回到过去那种痛苦的想法了。

日常生活中的当下正念

你越活在当下，就越不会焦虑和思维反刍。要开始将正念融入你的日常生活，选择将它应用到你日常的琐事上。比如洗澡、刷碗、喝咖啡、去公共汽车站的路上、吃早餐，或者帮孩子穿衣服。这种活动应该是体力劳动，不能太费脑子，这样你就可以专注于体验的每个细节。例如，如果你选择洗碗作为每天正念的机会，你就会试着把注意力集中在热水流淌在手上的感觉上。你会注意到拿着海绵和摸着滑溜溜的肥皂的感觉。然后，你会注意到手中盘子的质地和冲洗时水流的感觉。

你选择什么活动并不重要。关键是要注意你所有的感官。你所看到的、听到的、感觉到的、闻到的和尝到的都是正念的基础。当想法侵入脑海时，注意并标记它们，然后将注意力转移到你对你所选的活动的感官细节上。

用一周的时间专心做你的练习活动。有时贴一些标志或提醒语就可以提醒你做这个练习。例如，如果在水槽上放一个标志，你就更可能会专心洗碗。在冰箱、牛奶或其他早餐常吃的食物上贴标志能有助于你在早餐时进行正念练习。如果你打算在步行到公交车站时做正念练习，可以在你的公文包或背包上系一根绳子作为提醒。

在第一周之后，增加第二个正念活动，并使用类似的提醒来帮助你完成练习。接着，每周在你的日常活动中增加一些新的正念活动，直到你每天都能进行这些活动。

虽然所有的正念练习都有助于减少消极想法，但不免你还会产生痛苦想法。每当这种情况发生时，慢下来，确保你只专注于一件事，然后注意你正在进行的身体活动，试着只注意那个活动，其他的一概不管。关注你的眼睛、耳朵和其他感官，让自己沉浸在正在做的事情中。

一次只做一件事能让你慢下来，让你的思绪平静下来，它会帮助你把注意力从未来和过去转移到现在正在发生的事情上。

选择关注什么

有了更灵活的思维技巧，你可以主动选择想什么。当消极的想法出现时，你首先要选择"现在处理还是以后再处理"。如果你觉得这个想法很有吸引力，想现在就去处理，那就这样做吧。无论何时，倘若你厌倦了这个想法，都可以使用解离技巧来消除它，腾出空间来关注其他事情。你也可以暂时不管这些担忧和思维反刍，选择一个较晚的时间再去处理，并可以把它们写下来，确保你不会忘记。

接下来，你要选择你的替代关注点。通常最好的选择就是关注当下。把注意力集中在你现在的体验上，即除了担忧和思维反刍之外，关注你的感官在这一刻感受到的一切。其他替代的关注点包括：

◎ 规划

◎ 解决问题

◎ 愉快的回忆

◎ 幻想未来积极的事情

◎ 创造性活动

◎ 快乐的活动

◎ 运动

◎ 阅读和学习

◎ 进行交流与联系

谨记你能够控制自己的注意力，所以请选择一个有益于心理健康的关注点。

总结

通过这一章的学习，你已经意识到你无法完全驱除消极的想法，它们会不时被触发。但你可以大幅减少反复的消极想法，并在消极想法出现时选择怎么做。你可以消除这种想法，不去想它，转移注意力。

接下来，请回到评估章节，看下你在《综合应对量表》（CCI-55）中下一个得分最高的地方，分数会指引你接下来该阅读的章节。

11

预防复发

你也许会时不时又采用旧办法来处理痛苦情绪，这是不可避免的。本书教给你的技巧很有效，但这些技巧并非青霉素或小儿麻痹症疫苗，注射一次就能解决问题。有时你需要注射加强针，也就是说要反复有意识、有针对性地练习缓解压力的新方法。

你一定会不时地复发，所以有必要制订相关应对计划。那样你就能立刻稳定情绪，减少在痛苦中度过的时间。本章节会帮你制订这个计划。

步骤1：列出预警迹象

第一步是辨认出复发迹象。你怎么知道已经复发了呢？如果你正在尝试戒烟或戒酒，重新吸烟喝酒时就是明显的复发，但情绪方面的复发更不易察觉。如果不警惕那些让你重新陷入过去的思考方式和行为方式的迹象，它们就会慢慢地复发。

以下是需要注意的常见预警迹象：

危险情绪

当读到本书这个地方时，你应该很清楚自己的危险情绪是什么了。不过，还是请你花点时间列出最让你困扰、最难应对的情绪：

_____

_____

_____

高风险情境

现在考虑一下你的高风险情境。什么情况下最可能经历危险情绪？在哪里？和谁一起？发生了什么？请在下面空白处，列出最有可能让你产生危险情绪的人物、地点和活动：

_____

_____

_____

固化的应对机制

当情绪控制你的时候，你会做什么？回顾一下你在评估章节《综合应对量表》（CCI-55）中获得的分数。如果你上次完成评估的时间过早，请再重新做一次。在下面标出最让你头疼的应对机制：

☐ 行为回避

☐ 寻求安全

☐ 情绪驱动行为

☐ 痛苦不耐受

☐ 情绪回避

☐ 思想回避

☐ 认知误判

☐ 自我责备

☐ 指责他人

☐ 担忧

☐ 思维反刍

思维反刍、担忧以及消极评价

当你经历强烈、痛苦的感觉时，你在想什么呢？你的思维活动是怎样的？这些情绪反复出现或持续几个小时或几天的原因是什么？你对过去哪些事情念念不忘？你对未来哪些可能发生的事充满担忧？你习惯性地给自己的经历贴上哪些负面标签？在这里写下你平时会反复思考、担忧和进行消极评价的事情：

_____

_____

_____

回避和压抑

你如何回避或压抑痛苦情绪？你是否会通过远离某人、某地或某种活动来限制自己的生活？你是否会试图让你的头脑保持空白或麻木？你是否用某些思维习惯抑制痛苦情绪？在下面空白处列出你回避或压抑情绪最常用的方式：

_____

_____

_____

案例 艾米莉，46岁，是一名老师，最近刚离婚，非常担心她的两个十多岁的孩子。她拖欠了账单，并且十分担心她越来越健忘、易怒的母亲。
以下是艾米莉列出的预警迹象：

危险情绪

焦虑，内疚，抑郁

高风险情境

看望妈妈

孩子不在家时

支付账单

固化的应对机制

指责他人：发牢骚，唠叨妈妈

寻求安全：频繁给孩子打电话

情绪驱动行为：透支信用卡

思维反刍、担忧以及消极评价

我放荡鲁莽的青春

幻想孩子遭遇袭击或车祸

破产，无处可居，认为"自己很失败"

回避和压抑

一直开着电视机

拖着不去看望妈妈

拖延支付账单

步骤2：回顾并练习技巧

解决复发最重要的一步就是意识到自己正在复发。一旦意识到自己在高风险情况下，且将经历危险情绪，重回以前的消极思维模式，你可以再次浏览前几章，强化自己从这本书中学到的技巧：

◎通过付诸行动，与他人接触来结束行为回避。（第1章）

◎鼓起勇气，结束寻求安全的行为，依赖内在安全感。（第2章）

◎将情绪驱动行为转变为价值驱动选择。（第3章）

◎将过去难以忍受的痛苦变成生活中可接受的不可避免的痛苦。（第4章）

◎将情绪回避转变为接纳自己的情绪。（第5章）

◎将思想回避转变为思想接纳。（第6章）

◎通过灵活思维远离认知误判（即：习惯性思维陷阱）。（第7章）

◎用自我同情减轻自我责备。（第8章）

◎用表达同情代替责备他人。（第9章）

◎用平衡思维代替担忧和思维反刍（即重复的消极思维）。（第10章）

总结

尽管偶尔复发不可避免，但它们也只是暂时的。在重新使用应对痛苦情绪的旧方法无效时，如果你能保持警惕，并且运用从本书中学到的技巧，那么很快就可以重回正轨。

祝你拥有努力治愈情绪痛苦的勇气和毅力。

附　录

《综合应对量表》(CCI-55)

《综合应对量表》(CCI-55)(Zurita Ona, 2007; Pool, 2021)是一份涵盖55个问题的调查问卷,用于评估16种"跨诊断机制"或问题应对过程。在临床诊断中,该问卷用于帮助遭受心理健康问题的个体准确找到有效的干预措施。该量表问世后,已经过验证、不断发展和研究。

《综合应对量表》(CCI-55)的发展历程

《综合应对量表》(CCI-55)由麦克凯和苏里塔·奥娜于2007年首创,目的在于获取广泛的应对行为方式(Zurita Ona, 2007),后精简成七个分量表,称为"跨诊断因子"。基于心理学领域正在研究的最相关、最有用的跨诊断机制,随后的研究通过结合、优化和增加新的应对过程,继续发展了《综合应对量表》(CCI-55)。

2012年,阿伦德特在其博士论文中对《综合应对量表》(CCI-55)进行了评估,通过比较《综合应对量表》(CCI-55)和一个广泛接受的用于测量抑郁、焦虑和压力的量表的测试结果,验证了《综合应对量表》的可信度和有效性。该研究发现《综合应对量表》(CCI-55)与抑郁、焦虑和压力症状之间存在显著相关性,因而,为自我报告有《综合应对量表》(CCI-55)

中列出的反应机制的参与者更可能存在抑郁、压力和焦虑问题这一假设提供支持（Ahrendt，2012）。

2014年，为了符合当代关于跨诊断机制的研究与思考，研究者修订了《综合应对量表》（CCI-55），《综合应对量表》（修订版）应运而生。具体来说，麦克凯和苏里塔·奥娜扩展了《综合应对量表》（CCI-55），以匹配弗兰克和戴维森在2014年出版的一本操作手册中提出的16种"反应机制"。该书名为《病例模式和治疗计划跨诊断操作手册》，是探究造成持续心理问题机制的实用指南。

2015年，伯恩鲍姆对新的《综合应对量表》（修订版）进行了深入的统计评估，检验其信度。该研究也探讨了《综合应对量表》（修订版）对有无心理健康问题的人群进行区分的能力（Birnbaum，2015）。他发现16个变量中有11个都能够对此进行区分。

2017年，弗雷泽进一步评估了《综合应对量表》（修订版），发现《综合应对量表》（修订版）分量表和许多充分研究过的测量类似概念的量表之间存在中强度关联。总之，该研究发现《综合应对量表》（修订版）能衡量其期望测量的过程（Frazier，2017）。

2020年，普尔评估了《综合应对量表》（修订版），以确认其测量的所有过程能够区分有心理健康问题和没有心理健康问题的人（Pool，2021）。该研究采用了更加具有文化代表性的样本来评估《综合应对量表》（修订版）。普尔也进一步修改了《综合应对量表》（修订版），以减少重复的分量表，从而发表了更高效的《综合应对量表》（CCI-55）。

《综合应对量表》（CCI-55）的支撑性研究

《综合应对量表》（CCI-55）接受了以383位18岁至85岁成年人为样本的测试，测试采用了在线工具 Mechanical Turk 来收集数据（Pool，2021）。本次研究测试了该量表的建构效度、内部一致性、临床效用，以及对不同人群和文化身份的普遍性。结果发现《综合应对量表》（CCI-55）的建构效度效果不错，且11个分量表都具有良好的内部一致性和临床效用。下列分析进一步证实了《综合应对量表》（CCI-55）的有效性：

1. 内容效度。10位跨诊断机制专家对量表的条目和分量表进行了评分，发现量表的内容效度准确性高于75%，而条目的主观质量评分高于3.0（满分为4）。这意味着《综合应对量表》（CCI-55）对于其要测量的每一过程都是有用的。

2. 信度和内部一致性。《综合应对量表》（CCI-55）的许多分量表都是由《综合应对量表》（修订版）分量表组合而成，这些分量表在克隆巴赫系数（Cronbach's alpha）的测量下表现出了良好的内部一致性。每个分量表的内部一致性评分都高于典型的0.75阈值。这意味着，《综合应对量表》（CCI-55）中衡量每一过程的条目都非常一致、有效，且并无多余。

3. 临床效用和临床临界值。基于不同组别参与者自述的心理健康问题，研究者采用 T 检验和方差分析，对比了其在《综合应对量表》（CCI-55）中的测量结果。这些分析表明，《综合应对量表》（CCI-55）足够敏感，可以区分自述有心理健康问题和没有心理健康问题的人在应对方式上的不同。分析发现了很强的效应量，表明这种差异具有临床相关性。此外，为了给使用《综合应对量表》（CCI-55）的人提供建议性指导，基于有无心理健康问题的个体在各分量表中的表现，研究者提出了 T 分数，设立了"临界值"，以帮助确定每一过程的分数是"偏高"或是有问题。

4. 普遍性。《综合应对量表》（CCI-55）的样本更具文化多样性。受访者中白人 / 欧洲裔占37%，黑人占26%，拉丁裔占18%，亚洲人占16%，土著占4%，东南亚人占2%，中东人占1%，其余占2%。统计结果表明，量表在不同人群中的效果一样好，但有以下例外：与顺性别女性和性别拓展的个体相比，顺性别男性在情绪回避方面的得分明显偏高。与顺性别女性相比，性别拓展的个体在情绪驱动行为和外化方面的得分更高。此外，老年人在《综合应对量表》（CCI-55）中的总分比年轻人低。

迄今为止，最新的《综合应对量表》（CCI-55）仍是现有跨诊断反应机制中最全面的量表，目前已用于一些社区诊所和门诊部门。《综合应对量表》（CCI-55）用于评估人们如何应对困难，可以提供干预指导以及追踪干预进度。

参考文献

Ahrendt, T. M. 2012. "Coping and the Transdiagnostic Approach: A Symbiotic Relationship? Validating the Comprehensive Coping Index for Clinical Use and Further Research." Dissertation, The Wright Institute.

Allen, L. B., R. K. McHugh, and D. B. Barlow. 2008. "Emotional Disorders: A Unified Protocol." In *Clinical Handbook of Psychological Disorders,* edited by D. H. Barlow. New York: Guilford Press.

Astin, J. A. 1997. "Stress Reduction Through Mindfulness Meditation: Effects on Psychological Symptomatology, Sense of Control, and Spiritual Experiences." *Psychotherapy and Psychosomatics* 66(2): 97-106. https://doi.org/10.1159/000289116

Barlow, D. H., L. B. Allen, and M. L. Choate. 2004. "Toward a Unified Treatment of Emotional Disorders." *Behavior Therapy* 35(2): 205-230.

Beck, A. T., A. J. Rush, B. F. Shaw, and G. Emery. 1979. *Cognitive Therapy of Depression.* New York: Guilford Press.

Berenbaum, H., C. Raghavan, H.-N. Le, L. L. Vernon, and J. J. Gomez.

2003. "A Taxonomy of Emotional Disturbances." *Clinical Psychology: Science and Practice* 10(2): 206-226.

Birnbaum, A. P. 2015. "Approaching Transdiagnostically: A Validation Study of the Comprehensive Coping Inventory." Dissertation, The Wright Institute.

Blaustein, M. E., and K. M. Kinniburgh. 2017. "Attachment, Self-Regulation, and Competency (ARC)." In *Evidence-Based Treatments For Trauma-Related Disorders in Children and Adolescents,* edited by U. Schnyder and M. Cloitre. Cham, Switzerland: Springer.

Chambers, R., B. C. Y. Lo, and N. B. Allen. 2008. "The Impact of Intensive Mindfulness Training on Attentional Control, Cognitive Style, and Affect." *Cognitive Therapy and Research* 32: 303-322.

Cloninger, C. R. 1999. "A New Conceptual Paradigm from Genetics and Psychobiology for the Science of Mental Health." *Australian and New ZealandJournal of Psychiatry* 33: 174-186.

Craske, M. G., and G. Simos. 2013. "Panic Disorder and Agoraphobia." In *CBT For Anxiety Disorders: A Practitioner Book,* edited by G. Simos and S. G. Hofmann. Hoboken, NJ: Wiley-Blackwell.

Craske, M. G., M. Treanor, C. C. Conway, T. Zbozinek, and B. Vervliet. 2014. "Maximizing Exposure Therapy: an Inhibitory Learning Approach."*Behaviour Research and Therapy* 58: 10-23.

Davidson, R. J., J. Kabat-Zinn, J. Schumacher, M. Rosenkranz, D. Muller, S. F. Santorelli, F. Urbanowski, A. Harrington, K. Bonus, and J. F. Sheridan. 2003. "Alterations in Brain and Immune Function Produced by Mindfulness Meditation." *Psychosomatic Medicine* 65(4): 564- 570.

De Castella, K., M. J. Platow, M. Tamir, and J. J. Gross. 2018. "Beliefs About Emotion: Implications for Avoidance-Based Emotion Regulation andPsychological Health." *Cognition and Emotion* 32(4): 773-795.

Deffenbacher, J. L. 1988. "Cognitive-Relaxation and Social Skills Treatment of Anger." *Journal of Counseling Psychology* 35: 234-236.

Deffenbacher, J. L. 1993. "General Anger: Characteristics and Clinical Implications." *Psicologia Conductual* 1: 49-67.

Deffenbacher, J. L. 1994. "Anger Reduction: Issues, Assessment, and Intervention Strategies." In *Anger, Hostility and the Heart,* edited by A. W. Siegman and T. W. Smith. Hillsdale, NJ: Lawrence Erlbaum.

Deffenbacher, J. L., E. R. Oetting, M. F. Huff, G. R. Cornell, and C. J Dillinger. 1996. "Evaluation of Two Cognitive Behavioral Approaches to GeneralAnger Reduction." *Cognitive Therapy and Research* 20: 551-573.

Deffenbacher, J. L., and M. McKay. 2000. *Overcoming Situational and General Anger.* Oakland, CA: New Harbinger Publications.

Foa, E., E. Hembree, and B. Olaslov Rothbaum. 2007. *Prolonged Exposure Therapy for PTSD: Emotional Processing of Traumatic Experience, Therapist Guide.* Oxford: Oxford University Press.

Fraizer, J. C. 2017. "Comprehensive Coping Inventory: A Study of Concurrent Validity and Clinical Utility." Dissertation, The Wright Institute.

Frank, R. I., and J. Davidson. 2014. *The Transdiagnostic Road Map to Case Formulation and Treatment Planning: Practical Guidance for Clinical Decision Making.* Oakland, CA: New Harbinger Publications.

Freeman, A., J. Pretzer, B. Flemming, and K. Simon. 2004. *Clinical Applications of Cognitive Therapy.* New York: Plenum.

Gilbert, P. 2014. *Mindful Compassion.* Oakland, CA: New Harbinger Publications.

Greenberger, D., and C. Padesky. 1995. *Mind Over Mood.* New York: Guilford Press.

Gross, J. J. 1998. "The Emerging Field of Emotion Regulation: An Integrative Review." *Review of General Psychology* 2(3): 271-299.

Harvey, A. G., E. Watkins, and W. Mansell. 2004. *Cognitive Behavioral Processes Across Psychological Disorders: A Transdiagnostic Approach to Research and Treatment.* NY: Oxford University Press.

Hayes, S. C., K. Strosahl, and K. Wilson. 1999. *Acceptance and Commitment Therapy: An Experimental Approach to Behavior Change.* New York: Guilford Press.

Hayes, S. C., and S. Hofmann. 2018. *Process-Based CBT.* Oakland, CA: New Harbinger Publications.

Hayes, S. C., and S. Smith. 2005. *Get Out of Your Mind and Into Your Life.* Oakland, CA: New Har- binger Publications.

Hopko, D. R., C. W. Lejuez, K. J. Ruggiero, and G. H. Eifert. 2003. "Contemporary Behavioral Activation Treatments for Depression: Procedures, Principles, and Progress." *Clinical Psychology Review* 23(5): 699-717.

Kabat-Zinn, J. 1995. *Mindfulness meditation.* New York: Nightingale-Conant Corporation.

Kabat-Zinn, J., A. O. Massion, J. Kristeller, L. G. Peterson, K. Fletcher, L. Pbert, W. Linderking, and S. F. Santorelli. 1992. "Effectiveness of Meditation-Based Stress Reduction Program in the Treatment of Anxiety Disorders." *American Journal of Psychiatry* 149(7): 936-943.

Kolts, R. L. 2016. *CFT Made Simple: A Clinician's Guide to Practicing Compassion-Focused Therapy.* Oakland, CA: New Harbinger Publications.

Linehan, M. 1993. *Cognitive Behavioral Therapy of Borderline Personality Disorder.* New York: Guilford Press.

Mahoney, M. 1974. *Cognition and Behavior Modification.* Cambridge, MA: Ballinger Publishing Company.

Martell, C. R., S. Dimidjian, and R. Herman-Dunn. 2013. *Behavioral Activation for Depression: A Clinician's Guide.* New York: Guilford

Press.

McKay, M., and A. West. 2016. *Emotion Efficacy Therapy.* Oakland, CA: Context Press.

McKay, M., and J. Wood. 2019. *The New Happiness.* Oakland, CA: New Harbinger Publications.

McKay, M., J. Wood, and J. Brantley. 2019. *The Dialectical Behavior Therapy Skills Workbook,* 2nd ed. Oakland, CA: New Harbinger Publications.

McKay, M., M. Davis, and P. Fanning. 2021. *Thoughts & Feelings: Taking Control of Your Moods and Your Life,* 5th ed. Oakland, CA: New Harbinger Publications.

McKay, M., and P. D. Rogers. 2000. *The Anger Control Workbook.* Oakland, CA: New Harbinger Publications.

McKay, M., P. Zurita Ona, and P. Fanning. 2012. *Mind and Emotions: A Universal Treatment for Emotional Disorders.* Oakland, CA: New Harbinger Publications.

Meichenbaum, D. 1985. *Stress Inoculation Training.* New York: Pergamon Press.

Neff, K. 2011. *Self-Compassion: The Proven Power of Being Kind to Yourself.* New York: HarperCollins.

Neff, K., and C. Germer. 2018. *The Mindful Self-Compassion Workbook: A proven Way to Accept Yourself, Build Inner Strength, and Thrive.* New York: Guilford Press.

Nolen-Hoeksema, S., and E. R. Watkins. 2011. "A Heuristic for Developing Transdiagnostic Models of Psychopathology: Explaining Multifinality andDivergent Trajectories." *Perspectives on Psychological Science* 6(6): 589-609.

Persons, J. B., J. Davidson, M. A. Tompkins, and E. T. Dowd. 2001. *Essential Components of Cognitive-Behavior Therapy for Depression.* Washington, DC: American Psychological Association.

Pool, E. S. 2021. "The CCI-55: An Updated Assessment Tool for Trans-diagnostic Treatment." Dissertation, The Wright Institute.

Salkovskis, P. M. 1996. "The Cognitive Approach to Anxiety: Threat Beliefs, Safety-Seeking Behavior, and the Special Case of Health anxiety and Obsessions." In *Frontiers of Cognitive Therapy,* edited *by* P. M. Salkovskis. New York: Guilford Press.

Seif, M. N. and S. Winston. 2014. *What Every Therapist Needs to Know about Anxiety Disorders: Key Concepts, Insights, and Interventions.* Oxfordshire, UK: Routledge.

Seligman, M. E. P., and M. Csikszentmihalyi. 2000. "Positive Psychology: An Introduction." *American Psychologist* 55(1): 5-14.

Shapiro, S. L., and G. E. Schwartz. 2000. "The Role of Intention in Self-Regulation: Toward Intentional Systemic Mindfulness." In *Handbook of Self-Regulation,* edited by M. Zeidner, P. R. Pintrich, and M. Boekaerts. San Diego, CA:Academic Press.

Shekelle, R. B., M. Gale, A. M. Ostfeld, and O. Paul. 1983. "Hostility, Risk of CHD, and Mortality." *Psychosomatic Medicine* 45: 109-114.

Sydenham, M., J. Beardwood, and K. Rimes. 2017. "Beliefs about Emotions, Depression, Anxiety and Fatigue: A Mediational Analysis." *Behavioural and Cognitive Psychotherapy* 45(1): 73-78.

Titchener, E. B. 1916. *Textbook of Psychology.* New York: Macmillan.

Wells, A. 2009. *Metacognitive Therapy for Anxiety and Depression.* New York: Guilford Press.

Zettle, R. D. (2007). *ACT for Depression: A Clinician's Guide to Using Acceptance and Commitment Therapy in Treating Depression.* Oakland, CA: New Harbinger Publications

Zurita Ona, P. E. 2007. "Development and Validation of a Comprehensive Coping Inventory." Dissertation, The Wright Institute.

关于作者

马修·麦克凯，博士，加州伯克利赖特学院的教授。他撰写和与人合著了许多著作，包括《辩证行为疗法》《自尊》以及《夫妻性生活技巧》，这些著作的总销量超过四百万册。他也获得了加州职业心理学学院的临床心理学博士学位，专门从事焦虑和抑郁相关的认知行为治疗。

帕特里克·范宁，心理健康领域的专业作家，北加州一个男性互助小组的创始人。他撰写和与人合著了12本自助类图书，包括《自尊》《思想与情感》《夫妻性生活技巧》和《思维与情绪》。

艾瑞卡·普尔，心理学博士，在加州伯克利的赖特学院获得博士学位，拥有加州大学伯克利分校和北加州退伍军人医疗保健系统的临床和研究经验；她曾为心理健康初创公司提供咨询。她的工作目标是理解人类痛苦的核心过程，以帮助制定个性化和文化响应式的治疗方法。

帕特丽夏·E.苏里塔·奥纳，博士，心理学家，专门从事与成就过高者和过度思考者的相关工作，为他们创造富有同情心、基于研究的、可操作的资源，帮助他们摆脱担忧、恐惧、焦虑、完美主义、拖延、强迫和无效的"谨慎行事"行为。她是东湾行为治疗中心的创始人，她在这里提供基于接纳承诺疗法（ACT）和情境行为科学的治疗与辅导服务。她将 ACT 应用于因恐惧产生的问题，对 ACT 的应用作出贡献，因此被提名为情境行为科学协会的研究员。

图书在版编目(CIP)数据

情绪治愈手册/(美)马修·麦克凯
(Matthew McKay)等著;王雯秋,马驭骅译. -- 重庆:
重庆大学出版社, 2025.7. -- (心理自助系列).
ISBN 978-7-5689-5288-0

Ⅰ. B842.6-49

中国国家版本馆CIP数据核字第2025UA2692号

情绪治愈手册

QINGXU ZHIYU SHOUCE

〔美〕 马修·麦克凯(Matthew McKay) 帕特里克·范宁(Patrick Fanning)
　　　艾瑞卡·普尔(Erica Pool) 帕特丽夏·E.苏里塔·奥纳(Patricia E. Zurita Ona) 著

王雯秋 马驭骅 译

鹿鸣心理策划人 王 斌

策划编辑:敬 京

责任编辑:敬 京 版式设计:敬 京

责任校对:关德强 责任印制:赵 晟

*

重庆大学出版社出版发行

出版人:陈晓阳

社址:重庆市沙坪坝区大学城西路 21 号

邮编:401331

电话:(023) 88617190 88617185 (中小学)

传真:(023) 88617186 88617166

网址:http://www.cqup.com.cn

邮箱:fxk@cqup.com.cn (营销中心)

全国新华书店经销

重庆市正前方彩色印刷有限公司印刷

*

开本:720mm×1020mm 1/16 印张:16.75 字数:244 千
2025 年 7 月第 1 版 2025 年 7 月第 1 次印刷
ISBN 978-7-5689-5288-0 定价:69.00 元

本书如有印刷、装订等质量问题,本社负责调换

版权所有,请勿擅自翻印和用本书

制作各类出版物及配套用书,违者必究

HEALING EMOTIONAL PAIN WORKBOOK: PROCESS-BASED CBT TOOLS FOR MOVING BEYOND SADNESS, FEAR, WORRY AND SHAME TO DISCOVER PEACE AND RESILIENCE by MATTHEW MCKAY, PHD, PATRICK FANNING, ERICA POOL, PSYD AND PATRICIA E. ZURITA ONA, PSYD

Copyright: © 2022 BY MATTHEW MCKAY, PATRICK FANNING, ERICA POOL, AND PATRICIA E. ZURITA ONA
This edition arranged with NEW HARBINGER PUBLICATIONS
through BIG APPLE AGENCY, LABUAN, MALAYSIA.

Simplified Chinese edition copyright:
2025 Chongqing University Press Limited Corporation
All rights reserved.

版贸核渝字（2022）第175号